ISSN 0021-1915

17. JAHRGANG · SEITEN 85—136 · BERLIN MÄRZ 1981

IPRAX 17 17 (3) 85—136 (1981) 32036

Internationaler Erfahrungsaustausch auf dem Gebiet der Messung ionisierender Strahlung

3

13. bis 16. Mai 1980, Berlin
(Veranstalter: ASMW)

isotopenpraxis

EVP 9,– M

AKADEMIE-VERLAG

An unsere Autoren

Die Zeitschrift veröffentlicht Beiträge zu folgenden Themen: Kontrolle und Analyse radioaktiver und stabiler Isotope, Anwendung radioaktiver und stabiler Isotope in allen Gebieten der Forschung und Technik, der Industrie, Landwirtschaft und Medizin, Herstellung radioaktiver und stabiler Isotope sowie von markierten Verbindungen, kernelektronische Geräte für die Isotopenanwendung (Dickenmesser, Dichtemesser u. ä.) Detektoren für isotopentechnische Arbeiten und den Strahlenschutz in Isotopenlaboratorien, Meßtechnik und Strahlenschutz, Dosimetrie in Isotopenlaboratorien, kerntechnische Geräte für die Isotopenanwendung (Beton, Bestrahlungsanlagen u. ä.), Strahlenchemie, Radiochemie, ökonomische und perspektivische Fragen, Fragen der Weiterbildung.

1. Aufnahme von Manuskripten

Zur Veröffentlichung angenommen werden nur druckreife, noch nicht anderweitig publizierte Beiträge in deutscher, englischer oder russischer Sprache zum Themenbereich der Zeitschrift und zwar

Originalarbeiten
Kurze Originalmitteilungen
Aus der Praxis
Zusammenfassende Berichte
Tagungsberichte
Informationen.

Sind der Beitrag oder Teile daraus bereits veröffentlicht oder ist eine anderweitige Veröffentlichung vorgesehen, so muß dies der Redaktion mit genauer Angabe der Zweitveröffentlichung mitgeteilt werden. Mit der Annahme des Manuskriptes behält sich der Verlag das Recht der Vervielfältigung, Verbreitung und Übersetzung innerhalb der gesetzlichen Schutzfrist vor. Auszugsweiser Nachdruck oder photomechanische u. a. Wiedergabe sind an eine schriftliche Genehmigung des Verlages gebunden. Manuskripte, Zeichnungen und Photos von veröffentlichten Arbeiten werden nur auf den besonderen und bis zum Zeitpunkt der Veröffentlichung mitgeteilten Wunsch des Autors zurückgesandt.

Bei der unverlangten Einreichung von Manuskripten wird empfohlen, eine Befürwortung eines der Herausgeber oder Redaktionsausschußmitglieder beizufügen.

Manuskripte sind einzureichen bei der Redaktion, DDR-1080 Berlin, Leipziger Str. 3—4.

2. Form der Manuskripte

Die Autoren werden gebeten:

2 Manuskripte, eines davon in Original-Maschinenschrift, einseitig und mit 2zeiligem Abstand einzureichen; gut leserliche Photokopien sind zulässig; auf dem 1. Blatt (unter Weglassung der Bezeichnung)

den Titel der Arbeit
Vorname-Initialen und Namen sämtlicher Autoren
gegebenenfalls die Institution, in der sie tätig sind
eine kurze Zusammenfassung der Arbeit von höchstens 15 Zeilen
Keywords in alphabetischer Reihenfolge und
als Fußnote die Anschrift der Institution anzugeben;

wenn möglich auf gesonderten Blättern Namen, Titel der Arbeit und Zusammenfassung in den beiden anderen obengenannten Sprachen 2fach beizufügen:

Literaturhinweise (fortlaufend numeriert), Fußnoten, Tabellen, Abbildungen (in etwa 2facher Veröffentlichungsgröße), Abbildungsunterschriften (getrennt von den Abbildungen, mit Zeichenerklärungen, Quellenangaben, falls erforderlich, und gegebenenfalls mit einem Vermerk für besondere Wünsche bezüglich der Abbildungsgröße), private und Dienstanschrift der Verfasser mit akademischen Titeln und ausgeschriebenen Vornamen auf besonderen Blättern ans Ende des Manuskriptes zu stellen;

Wünsche für den Kolumnentitel (Seitenüberschrift) bekanntzugeben;

Absätze durch Einzüge von mindestens 3 Anschlägen kenntlich zu machen; die Maßeinheiten des SI-Systems ("Système International") zu verwenden; Korrekturen im Manuskript unmittelbar an der zu korrigierenden Stelle anzubringen;

Formeln deutlich lesbar und möglichst groß einzutragen;

Farbabbildungen und nachträgliche Änderungen oder Ergänzungen in Abbildungen zu vermeiden;

hervorzuhebende Texstellen zu unterstreichen, und zwar halbfetten Satz mit einer geraden schwarzen Linie, kursiven Satz (Schrägschrift) mit einer blauen Wellenlinie (alle Eigennamen). Sperrungen gestrichelt;

besondere Buchstaben durch farbige Unterstreichung zu kennzeichnen, und zwar Formelzeichen in

Griechisch-Kursiv (α, β, ...) rot,
Kursiv (A, B, ...) blau
halbfetter Kursiv (***A*, *B***, ...) 2 Linien blau (Vektoren),
halbfetter Grotesk (**A**, **B**, ...) 2 Linien violett (Tensoren);

bei Literaturangaben auf Vollständigkeit zu achten. In nachstehender Reihenfolge müssen angegeben sein:

a) bei *Zeitschriften*: Vorname-Initialen und Namen sämtlicher Autoren, Titel der Zeitschrift (nach „Periodica Chimica“ oder möglichst wenig gekürzt), Bandnummer (unterstrichen), Jahreszahl (in Klammern), Heftnummer (nur bei Zeitschriften, die jedes Heft mit S. 1 beginnen) sowie die Seitenzahl, auf der die zitierte Arbeit beginnt.

b) bei *Büchern*: Initialen der Vornamen und Name des Autors (Herausgeber werden durch den Zusatz „ed.“ gekennzeichnet), voll ausgeschriebener Titel des Buches in der Originalsprache, evtl Bandnummer, voll ausgeschriebener Name des Verlages, Nummer der Auflage (außer der ersten), Erscheinungsort(e), Erscheinungsjahr (hier nicht in Klammern setzen!) und evtl. Kapitelnummer, Seitenzahl u. ä.

c) bei *Sammelbänden, Tagungsberichten*: Es soll zusätzlich der Titel des zitierten Beitrags angegeben werden. Die Seitenzahl muß unbedingt angegeben werden. Aus dem Zitat muß hervorgehen, ob es sich um einen Tagungssammelband oder um einen noch nicht veröffentlichten Vortrag handelt. Zwischen Tagungsort und Erscheinungsort des entsprechenden Tagungsberichts ist zu unterscheiden.

3. Korrekturen

Der Autor erhält zwei Umbruchabzüge, von denen einer möglichst schnell korrigiert an die Redaktion zurückgereicht werden soll. Auf Wunsch des Autors kann die Korrektur auch von der Redaktion geelesen werden.

Durch nachträgliche Manuskriptänderungen verursachte Korrekturkosten gehen, sofern sie 10% der Satzkosten übersteigen zu Lasten des Autors.

Der Autor erhält 50 Sonderdrucke kostenlos. Weitere Sonderdrucke können bis zur Rückgabe der Korrekturabzüge auf Kosten des Autors bei der Redaktion bestellt werden.

Bezugsmöglichkeiten

Bestellungen sind zu richten

- **in der DDR** an den Postzeitungsvertrieb; an eine Buchhandlung oder an den AKADEMIE-VERLAG, DDR-1080 Berlin, Leipziger Straße 3—4
- **im sozialistischen Ausland** an eine Buchhandlung für fremdsprachige Literatur oder an den zuständigen Postzeitungsvertrieb
- **in der BRD und Berlin(West)** an eine Buchhandlung oder an die Auslieferungsstelle KUNST UND WISSEN, Erich Bieber OHG, D-7000 Stuttgart 1, Wilhelmstraße 4—6
- **in Österreich** an den Globus-Buchvertreib, A-1201 Wien, Höchstädtplatz 3
- **in den übrigen westeuropäischen Ländern** an eine Buchhandlung oder an die Auslieferungsstelle KUNST UND WISSEN, Erich Bieber GmbH, CH-8008 Zürich/Schweiz, Dufourstraße 51
- **im übrigen Ausland** an den Internationalen Buch- und Zeitschriftenhandel; den Buchexport, Volkseigener Außenhandelsbetrieb der Deutschen Demokratischen Republik, DDR-7010 Leipzig, Postfach 160; oder an den AKADEMIE-VERLAG, DDR-1080 Berlin, Leipziger Straße 3—4

Zeitschrift „Isotopenpraxis“

Herausgeber: Im Auftrag des Akademie-Verlages herausgegeben von Prof. Dr. Justus Mühlenpfordt und Prof. Dr. Carl Friedrich Weiss
Verlag: Akademie-Verlag, DDR-1080 Berlin, Leipziger Straße 3—4; Fernruf: 2236221 oder 2236229; Telex-Nr.: 114420;
Bank: Staatsbank der DDR, Berlin, Kto.-Nr.: 6836-26-20712
Chefredakteur: Dr. Klaus Uhlig, Berlin
Anschrift der Redaktion (Fernruf: 6351177) der Zeitschrift Isotopenpraxis: Akademie-Verlag, DDR-1080 Berlin, Leipziger Str. 3—4
Veröffentlicht unter der Lizenznummer 1527 des Presseamtes beim Vorsitzenden des Ministerrates der Deutschen Demokratischen Republik
Gesamtherstellung: VEB Druckerei „Thomas Müntzer“, DDR-5820 Bad Langensalza
Erscheinungsweise: Die Zeitschrift „Isotopenpraxis“ erscheint monatlich. Die 12 Hefte eines Jahrganges bilden einen Band. Bezugspreis je Band 180,— M zuzüglich Versandspesen (Preis für die DDR 108,— M) Preis je Heft 15,— (Preis für die DDR 9,— M)
Bestellnummer dieses Heftes: 1079/17/3

AN (EDV) 12831

ISSN 0021-1915

ISOTOPENPRAXIS

Redaktion und Verlag: Akademie-Verlag, Redaktion Isotopenpraxis, 1080 Berlin, Leipziger Straße 3—4

Band 17 (1981) Heft 3, S. 85—136

Inhaltsverzeichnis

H. Rothe

Zu Aufgaben und Inhalt der Metrologie ionisierender Strahlung und zur Zielstellung der Tagung

Isotopenpraxis 17 (1981) H. 3, S. 85 bis 92
1 Abb., 4 Tab., 23 Lit.

Ausgehend von den grundsätzlichen Zielstellungen der Metrologie ionisierender Strahlung und einem Überblick über die Teilgebiete werden die wichtigsten Aufgaben der metrologischen Forschung und der metrologischen Sicherstellung richtiger Messungen auf den im Rahmen des Internationalen Erfahrungsaustausches zur Diskussion stehenden Gebieten der Dosimetrie und der Aktivitätsmessung zusammenfassend dargestellt. Im Hinblick auf die inhaltliche Realisierung dieser Aufgaben wird eine kurze Einschätzung des Standes und der Entwicklungstendenzen in der Darstellung und Übertragung der Einheiten der Dosimetrie und der Aktivitätsmessung gegeben. In diesem Zusammenhang wird eine Reihe von Problemen aus der Sicht der Anforderungen in der DDR aufgezeigt, deren Lösung nicht zuletzt auch Inhalt der wissenschaftlich-technischen Zusammenarbeit zwischen den sozialistischen Ländern auf zweiseitiger Basis und im Rahmen der Ständigen Kommission des RGW für Standadardisierung und für die friedliche Anwendung der Atomenergie sein sollte. Der Erfahrungsaustausch bietet die Möglichkeit, die anstehenden Probleme — ausgehend vom gegenwärtigen Stand — zu diskutieren und Lösungswege hierfür herauszuarbeiten.

Orginalarbeiten

W. I. Fominych, I. I. Zwetkow

Fragen der metrologischen Absicherung der Messung von Parametern von Elektronenstrahlen bei Elektronen-Energien bis zu 50 MeV (*in Russisch*)

Isotopenpraxis 17 (1981) H. 3, S. 93 bis 96
4 Abb., — Tab., 5 Lit.

Die Prinzipien der metrologischen Absicherung der Messung von Parametern von Elektronenstrahlen sowie der Daten, die deren Wechselwirkung mit der Materie beschreiben, werden untersucht. Die wichtigsten Parameter des Eichsystems werden angeführt. Angegeben wird das Verfahren der Übertragung der Maßeinheiten auf die Arbeitsmeßmittel auf der Grundlage des Allunions-Prüfsystems für Mittel zur Messung der Parameter von Elektronenstrahlen.
Zwecks Erhöhung der Effektivität der Nutzung von Strahlen geladener Teilchen von Beschleunigern und zwecks Verbesserung der Qualität der Beschleuniger wird vorgeschlagen, deren metrologische Testierung anhand eines oder mehrerer integraler Hauptparameter des Strahlungsfeldes (Teilchenstrom, Energiestrom, Teilchentransport usw.) vorzunehmen.

O. Hecker, K. Helmstädter, R. Kunze, H. Korn, H. Rothe

Grundlagen der absoluten Energiedosismessung von Quanten- und Elektronenstrahlung bis 50 MeV

Isotopenpraxis 17 (1981) H. 3, S. 96 bis 100
1 Abb., 3 Tab., 14 Lit.

Die Energiedosis wird heute als die wichtigste dosimetrische Größe angesehen. Für sehr viele Anwendungszwecke ionisierender Strahlung gibt es einen einfachen Zusammenhang zwischen dieser Größe und der beobachteten Strahlenwirkung.
Ausgehend von der Definition wird die Messung der Energiedosis bei Sekundärelektronengleichgewicht und bei Fehlen dieser Voraussetzung behandelt. Zur Absolutbestimmung der Energiedosis — wobei zugleich auch noch die für ein Standardverfahren erforderliche Genauigkeit erreicht wird — kommen gegenwärtig vor allem Kalorimeter, Ionisationskammern sowie chemische Dosimeter in Frage. Die genannten Verfahren werden kurz behandelt, die Anforderungen an ihre Realisierbarkeit erläutert. Auf Übergangslösungen, die für Elektronen- bzw. Quantenenergien größer ca. 3 MeV anwendbar sind, wird verwiesen.

I. A. Urjajew, W. I. Fominych, K. Helmstädter, H. Korn, H. Rothe

Vergleich der Staatlichen Etalons der Einheit der Energiedosis von Betastrahlung der DDR und der UdSSR im niederenergetischen Bereich

Isotopenpraxis 17 (1981) H. 3, S. 100 bis 103
2 Abb., 4 Tab., 3 Lit.

Es wird über die Durchführung und die Ergebnisse eines Vergleichs der Staatlichen Etalons für die Einheit der Energiedosis von Betastrahlung der UdSSR und der DDR im niederenergetischen Bereich berichtet, an dem das WNIIM und das ASMW beteiligt waren. In beiden Institutionen wurden mit Volumenextrapolationskammern die Energiedosisleistungen von zwei als Übertragungsnormale dienenden ^{147}Pm-Bestrahlungsquellen in verschiedenen Abständen von der Quellenoberfläche gemessen. Die Abweichungen der Meßergebnisse lagen im Mittel bei 3 %.
Der Bezug auf gleiche Flächenmasse der Luftschicht zwischen Kammer und Quelle, auf gleichen Meßelektrodendurchmesser und gleiche Dicke der Eintrittsfensterfolie erfolgte durch speziell ermittelte Korrektionsfaktoren.

H. Hegewald

Gegenwärtige und zukünftige Anforderungen an die metrologischen Grundlagen der Dosimetrie aus der Sicht der Strahlentherapie

Isotopenpraxis 17 (1981) H. 3, S. 103 bis 106
3 Abb., — Tab., 6 Lit.

Das Spektrum der Strahlungsarten und Bestrahlungsmethoden, das gegenwärtig die Praxis der Strahlentherapie bestimmt und die hieraus resultierenden dosimetrischen Anforderungen und Probleme werden dargestellt. Ausgehend von den Trends zur Anwendung von Neutronen bzw. Protonen, Pionen und schweren Ionen wird ihre zu erwartende Bedeutung für die praktische Strahlentherapie, d. h. hinsichtlich des relativen Anteils der damit bestrahlten Patienten, diskutiert.
Die wesentlichen Diskrepanzen bei der gegenwärtigen Anwendung kalibrierter Dosimeter für Strahlungsfeldmessungen und Energiedosisbestimmungen werden dargestellt und die Aspekte der zukünftigen Festlegung von Meßgrößen und Einheiten bei den kommerziellen Dosimetern erörtert.

J. Hizó, K. Zsdanszky, I. Nikl

Erfahrungen bei der Kalibrierung von Ionisationskammern im Wasserphantom

Isotopenpraxis 17 (1981) H. 3, S. 106 bis 108
2 Abb., 2 Tab., 3 Lit.

Es wurde die Konversion der Einheit der Exposition in die der Energiedosis in Wasser mit 6 verschiedenen Ionisationskammern für Röntgenstrahlung im Bereich der Halbwertsschicht (HSW) von 0,5 bis 2,5 mm Kupfer untersucht. Die Kammern sind für die Messung der Exposition in der klinischen Dosimetrie vorgesehen und zeigen alle eine geringe Energieabhängigkeit bei der Messung dieser Größe. Sie wurden bei denselben Strahlungsqualitäten frei Luft kalibriert. Wenn man mit der bekannten Methode die Konversion in die Energiedosis in Wasser durchführt, ergeben sich Differenzen bis zu 7,5 %. Zur Zeit gibt es keine anerkannten experimentellen Grundlagen für die Kalibrierung von Ionisationskammern im Wasserphantom, auf Grund derer sich anhand der vorliegenden Meßergebnisse eine für die Umwandlung geeignete Kammer auswählen ließe.

(Fortsetzung des Inhaltsverzeichnisses auf der 3. Umschlagseite)

ISOTOPENPRAXIS

Redaktion und Verlag: Akademie-Verlag, Redaktion Isotopenpraxis, 1080 Berlin, Leipziger Straße 3–4

Band 17 (1981) Heft 3, S. 85–136

Contents

H. Rothe

On the Aims and the Concern of the Metrology of Ionizing Radiation

Isotopenpraxis 17 (1981) No. 3, p. 85 to 92
1 Fig., 4 Tab., 23 Ref.

Proceeding from the principal concern of the metrology of ionizing radiation and from a survey of its sectors, the main tasks of metrological research and of metrological ensuring of sound measurement in the fields of dosimetry and activity measurement under discussion in international exchange of experience are summarized. With a view to the technical performance of these tasks, a short estimate of the state-of-the-art as well as of trends of development of the process of reproduction and dissemination of dosimetric and activity units is given.
Proceeding from the requirements raised in the GDR, a series of problems are shown, which, last not least, should be the subject of scientific and technological cooperation between socialist countries on a bilateral basis as well as in the framework of the CMEA Standing Commissions on Standardization and on the Peaceful Uses of Atomic Energy. Proceeding from the present state, the exchange of experience offers the possibility to discuss the existing problems and to elaborate ways towards their solution.

Articles

V. I. Fominykh, I. I. Tsvetkov

Issues of Metrologically Providing Measurement of Electron Beam Parameters with Electron Energy Ranging up to 50 MeV (*in Russian*)

Isotopenpraxis 17 (1981) No. 3, p. 93 to 96
4 Fig., -- Tab., 5 Ref.

The principles of metrological provision of measurement of electron beam parameters as well as the data describing their interaction with matter are considered. The main parameters of the standard system are indicated. The method of disseminating the measuring units to operating measuring devices performed on the basis of the All-Union testing system for measuring the parameters of electron beams is presented.
Metrological testing proceeding from one or several integral main parameters of the radiation field (particle flux, energy flux, particle transfer etc.) is suggested as a means for improving the efficiency of the utilization of charged-particle beams from accelerators and for improving the quality of the very accelerators.

O. Hecker, K. Helmstaedter, R. Kunze, H. Korn, H. Rothe

Basis of Absolute Measurement of the Absorbed Dose of Quantum and Electron Radiation up to 50 MeV

Isotopenpraxis 17 (1981) No. 3, p. 96 to 100
1 Fig., 3 Tab., 14 Ref.

At present, the absorbed dose is considered to be the most important dosimetric quantity. For a great number of uses of ionizing radiation a simple correlation exists between this quantity and the radiation effect observed.
Proceeding from its definition, measurement of absorbed doses both with secondary-electron balance and without this prerequisite is considered. At present, above all calorimeters, ionization chambers and chemical dosimeters are suitable for absolute measurement of absorbed doses, at the same time ensuring the accuracy necessary for a standard technique. The abovementioned techniques are briefly discussed together with the requirements to be fulfilled in order to provide their realization. Intermediate solutions applicable for electron and quantum energies exceeding appr. 3 MeV are indicated.

Содержание

X. Роте

О назначении и сути метрологии ионизирующего излучения

Isotopenpraxis 17 (1981) вып. 3, стр. 85 до 92
1 рис., 4 табл., 23 лит.

Исходя из принципиального назначения метрологии ионизирующего излучения и из обзора о ее отделениях излагаются основные задачи метрологических исследований и метрологического обеспечения правильного измерения в областях дозиметрии и измерения активности, обсуждающиеся в рамках международного обмена опытом. Имея в виду осуществление данных задач, дается краткая оценка состояния и тенденций развития процесса воспроизведения и передачи единиц измерения доз и активности. В этой связи, исходя из поставляемых в ГДР требований приводятся ряд проблем, решение которых в конце концов и является предметом научно-технического сотрудничества между социалистическими странами на двусторонней основе, а также в рамках Постоянных Комиссий СЭВ по Стандартизации и по Использованию Атомной Энергии в Мирных Целях. Обмен опытом предоставляет возможность обсуждения — исходя из состояния дел в настоящее время — имеющихся проблем и разработки путей к их решению.

Статьи

В. И. Фоминых, И. И. Цветков

Вопросы метрологического обеспечения измерений параметров электронных пучков с энергией электронов до 50 МэВ (*на русск. языке*)

Isotopenpraxis 17(1981) вып. 3, стр. 93 до 96
4 рис., – табл., 5 лит.

Рассмотрены принципы метрологического обеспечения измерения параметров электронных пучков и характеристик, описывающих взаимодействие их с веществом.
Приведены основные параметры эталонного комплекса и указан порядок передачи размера единиц рабочим средствам измерения на основе общесоюзной поверочной схемы для средств измерения параметров электронных пучков.
Предложено с целью повышения эффективности использования пучков заряженных частиц ускорителей и повышения качества ускорителей проводить их метрологическую аттестацию по одному или нескольким основным интегральным параметрам поля излучения (поток частиц, поток энергии, перенос частиц и т. д.).

О. Хеккер, К. Хельмштедтер, Р. Кунце, Х. Корн, Х. Роте

Основы абсолютного измерения поглощенной дозы квантового и электронного излучения до 50 *мэв*

Isotopenpraxis 17(1981) вып. 3, стр. 96 до 100
1 рис., 3 табл., 14 лит.

В настоящее время, поглощенная доза считается наиболее важной дозиметрической величиной. Применительно ко многим областям применения ионизирующего излучения существует простая взаимосвязь между этой величиной и наблюдаемым действием излучения. Исходя из ее определения, измерение поглощенной дозы обсуждается с предположением баланса вторичных электронов и без него. В настоящее время, прежде всего калориметры, ионизационные камеры и химические дозиметры пригодны для абсолютного определения поглощенной дозы, обеспечивающие необходимую для эталонных методов точность. Названные методы коротко обсуждаются вместе с потребностями относительно их осуществимости. Приводятся промежуточные решения, используемые в отношении электронной и квантовой энергии выше ок. 3 *мэв*.

Zu Aufgaben und Inhalt der Metrologie ionisierender Strahlung und zur Zielstellung der Tagung[1])

H. Rothe

(Amt für Standardisierung, Meßwesen und Warenprüfung der DDR)[2])

Ausgehend von den grundsätzlichen Zielstellungen der Metrologie ionisierender Strahlung und einem Überblick über die Teilgebiete werden die wichtigsten Aufgaben der metrologischen Forschung und der metrologischen Sicherstellung richtiger Messungen auf den im Rahmen des Internationalen Erfahrungsaustausches zur Diskussion stehenden Gebieten der Dosimetrie und der Aktivitätsmessung zusammenfassend dargestellt. Im Hinblick auf die inhaltliche Realisierung dieser Aufgaben wird eine kurze Einschätzung des Standes und der Entwicklungstendenzen in der Darstellung und Übertragung der Einheiten der Dosimetrie und der Aktivitätsmessung gegeben. In diesem Zusammenhang wird eine Reihe von Problemen aus der Sicht der Anforderungen in der DDR aufgezeigt, deren Lösung nicht zuletzt auch Inhalt der wissenschaftlich-technischen Zusammenarbeit zwischen den sozialistischen Ländern auf zweiseitiger Basis und im Rahmen der Ständigen Kommissionen des RGW für Standardisierung und für die friedliche Anwendung der Atomenergie sein sollte. Der Erfahrungsaustausch bietet die Möglichkeit, die anstehenden Probleme — ausgehend vom gegenwärtigen Stand — zu diskutieren und Lösungswege hierfür herauszuarbeiten.

Keywords

calibration; CMEA; international cooperation; ionizing radiations; measuring methods; standardization

1. Einleitung

Der vom Amt für Standardisierung, Meßwesen und Warenprüfung unter Federführung der Fachabteilung Ionisierende Strahlung organisierte internationale Erfahrungsaustausch auf dem Gebiet der Messung ionisierender Strahlung ist der erste dieser Art und dieses Inhalts im RGW-Bereich. Er wurde in der Absicht vorbereitet, die Vertreter metrologischer Staatsämter der RGW-Länder und anderer Institutionen dieser Länder mit metrologischer Aufgabenstellung sowie Vertreter der Hauptnutzer der Ergebnisse metrologischer Arbeiten in der DDR zusammenzuführen.

Das Ziel dieser wissenschaftlichen Veranstaltung sollte vor allem darin bestehen,

- den aktuellen Stand der metrologischen Arbeiten und meßtechnischen Einrichtungen der einzelnen Staatsämter und gleichgestellten Institutionen sowohl unter wissenschaftlichen Aspekten als auch anwenderbezogen darzustellen, um sich gegenseitig damit bekannt zu machen;
- allgemeine Fragen der Metrologie ionisierender Strahlung und spezielle Probleme der Darstellung und Übertragung der Strahlungseinheiten zu diskutieren und Entwicklungstendenzen der metrologischen Basis zur Gewährleistung einheitlicher und richtiger Strahlungsmessungen in der Praxis herauszuarbeiten sowie nicht zuletzt
- als Ausgangsgröße hierfür die wichtigsten meßtechnischen Anforderungen der volkswirtschaftlichen Hauptanwenderbereiche auf diesem Gebiet an die Metrologie unter Zugrundelegung der Bedeutung der Strahlungsmessung in diesen Bereichen aufzuzeigen.

Unter Berücksichtigung der Vielfalt der Meßgebiete, Meßgrößen und Meßeinheiten wurde von vornherein bewußt auf eine thematische Konzentration des Erfahrungsaustauschs auf die beiden großen Meßgebiete, die Dosimetrie ionisierender Strahlung und die Aktivitätsmessung von Radionukliden, orientiert. Die Tagung wurde in der Erwartung vorbereitet, daß ihre Ergebnisse dazu beitragen, die bi- und multilaterale Zusammenarbeit zwischen den metrologischen Einrichtungen der RGW-Länder auf dem Gebiet der ionisierenden Strahlung weiter zu aktivieren und noch besser zu koordinieren.

2. Grundsätzliche Aufgaben der Metrologie ionisierender Strahlung

Vor einem zusammenfassenden Überblick über die grundsätzlichen Aufgaben der staatlichen Metrologie auf dem Gebiet der ionisierenden Strahlung erscheint es notwendig, einige kurze Bemerkungen zur volkswirtschaftlichen Bedeutung der Messung ionisierender Strahlung in der Praxis zu machen:

Die zunehmende Nutzung der Kernenergie zur Stärkung der energetischen Basis der sozialistischen Länder und die Anwendung ionisierender Strahlung in Industrie und Forschung, in der Medizin und in vielen anderen Bereichen sind ohne exakte quantitative Aussagen über die auftretenden Strahlungsfelder, die Wechselwirkung der Strahlung mit unbelebter Materie oder dem menschlichen Organismus sowie ohne präzise Angaben zu den Hauptparametern der eingesetzten Strahlungsquellen nicht denkbar und nicht durchführbar.

Der Weg zur Erlangung derartiger objektiver und quantifizierter Informationen führt nur über die richtige Messung der entsprechenden physikalischen Größen. Richtigkeit der Messungen bedeutet gleichzeitig, daß die Ergebnisse jederzeit — auch über die Grenzen der einzelnen Länder hinweg — vergleichbar sind.

Vorrangiges Ziel aller Maßnahmen der staatlichen Metrologie ist deshalb — auch und nicht zuletzt auf dem Gebiet der ionisierenden Strahlung — die Herbeiführung der Einheitlichkeit und Richtigkeit aller Messungen in der Volkswirtschaft und die Förderung einer optimal entwickelten

[1]) Einführungsvortrag

[2]) Anschrift: DDR-1162 Berlin, Fürstenwalder Damm 388

Meßtechnik; dabei gelten im allgemeinen folgende Grundsätze:

— Der Staat schafft entsprechend den volkswirtschaftlichen Erfordernissen die Voraussetzungen für die Richtighaltung der Meßmittel, insbesondere also die metrologische Basis.
— Die Verantwortung für die volle Nutzung der so geschaffenen Möglichkeiten und für die Richtigkeit der durchzuführenden Messungen liegt letztendlich beim Anwender der Meßmittel, der die Ergebnisse der Messungen für seine Zwecke, d. h. für daraus abzuleitende Schlußfolgerungen und Entscheidungen, benötigt.

Die Nutzung der Ergebnisse der metrologischen Forschung und der Arbeiten zur metrologischen Sicherung liegt auf dem Gebiet der ionisierenden Strahlung schwerpunktmäßig in folgenden Bereichen:

— Kernkraftwerke und Kernreaktorforschung und -technik,
— industrielle Anwendung der Isotopen- und Strahlentechnik,
— Isotopenproduktion und kernphysikalischer Gerätebau,
— Strahlentherapie und Nuklearmedizin,
— Strahlen- und Umweltschutz sowie
— ziviler und militärischer Sektor der nationalen Verteidigung.

Dabei sind die Hauptgebiete der staatlichen metrologischen Tätigkeit in der DDR gerichtet auf:

— die Dosimetrie ionisierender Strahlung,
— die Aktivitätsmessung von Radionukliden und
— die Neutronenquellstärke- und -flußdichtemessung.

Die grundsätzlichen Aufgaben, die die staatliche Metrologie zu lösen hat, um die Einheitlichkeit und Richtigkeit der Messungen auf dem Gebiet der ionisierenden Strahlung zu sichern, lassen sich unter diesen Gesichtspunkten wie folgt zusammenfassen:

1) Festlegung und klare Definition der Maßeinheiten für diejenigen physikalischen Größen, die ein gegebenes Strahlungsfeld, seine Wechselwirkung mit Materie oder auch die Strahlungsquelle selbst eindeutig charakterisieren; gegenwärtig und zukünftig sind das vorrangig die Einheiten des Internationalen Meßsystems (SI) (vgl. [1]);
2) prtktische Realisierung dieser Einheiten gemäß ihrer Definition in Fundamental- oder Absolutverfahren, d. h. Entwicklung von konkreten Normalmeßeinrichtungen, die die Darstellung der Einheiten mit der volkswirtschaftlich notwendigen, gegebenenfalls mit der höchstmöglichen Genauigkeit gestatten und die als Staatliche Etalons die Basis aller Messungen im Lande für die jeweilige Meßgröße bilden [2—7]; für diesen Aufgabenkomplex sind auch die erforderlichen theoretischen Grundlagen zu erarbeiten;
3) Sicherung der Richtigkeit der Darstellungsverfahren durch Organisation bzw. Teilnahme an internationalen Vergleichsmessungen, durch Beteiligung an der internationalen wissenschaftlich-technischen Zusammenarbeit auf bi- und multilateraler Basis im Rahmen der RGW-Länder und durch aktive Mitwirkung in internationalen Organisationen, wie der Meterkonvention und der Internationalen Organisation für legale Metrologie (OIML);

Tab. 1. Physikalische Größen und Einheiten der Dosimetrie und der Aktivitätsmessung

Physikalische Größe	Definitionsgleichung der Größe	Einheitenzeichen der SI-Einheit	Beziehung zu anderen SI-Einheiten	Beziehung zu den alten speziellen Einheiten
Exposition	$X = \frac{dQ}{dm}$	C/kg	—	$1\ C/kg = \frac{10^4}{2,58}$ R (Röntgen)
Expositionsleistung	$\dot{X} = \frac{d^2Q}{dm\ dt}$	A/kg	—	$1\ A/kg = \frac{10^4}{2,58}$ R/s
Enerdiedosis	$D = \frac{dE}{dm}$	Gy (Gray)	J/kg	1 Gy = 100 rd (Rad)
Energiedosisleistung	$\dot{D} = \frac{d^2E}{dm dt}$	Gy/s	W/kg	1 Gy/s = 100 rd/s
Kerma	$K = \frac{dE_{kin}}{dm}$	J/kg	—	—
Kermaleistung	$\dot{K} = \frac{d^2E_{kin}}{dm\ dt}$	W/kg	—	—
Äquivalentdosis	$H = q \cdot D$	Sv (Sievert)	J/kg	1 Sv = 100 rem
Äquivalentdosisleistung	$\dot{H} = q \cdot \dot{D}$	Sv/s	W/kg	1 Sv/s = 100 rem/s
Aktivität	$A = \frac{dN}{dt}$	Bq (Becquerel)	1/s	$1\ Bq = \frac{1}{3,7 \cdot 10^{10}}$ Ci (Curie)

(dQ: die Gesamtladung der in Luft in einem Masseelement dm erzeugten Ladungsträger eines Vorzeichens bei vollständiger Abbremsung der durch Quantenstrahlung freigesetzten Elektronen; dE: die der Materie in einem Masseelement dm durch ionisierende Strahlung zugeführte Energie; dE_{kin}: die Summe der kinetischen Anfangsenergie aller in Materie in einem Masselelement dm durch indirekt ionisierende Strahlung freigesetzten geladenen Teilchen; q: Qualitätsfaktor, durch den der Einfluß der Strahlenqualität auf den biologischen Effekt berücksichtigt wird; N: Zahl der Kernumwandlungen)

4) Schaffung von anwendungsbereiten Normalen, das sind Sekundär- und Referenznormale höherer Ordnung, sowie die Ausarbeitung von Methoden der Übertragung der Einheiten von den höchsten Normalen, den Primärnormalen oder Staatlichen Etalons, über ein System von nach ihrer Genauigkeit abgestuften Normalen auf die in der Praxis in Form von Strahlungsmeßgeräten und Strahlungsquellen eingesetzten Arbeitsmeßmittel;
5) Auf- und Ausbau eines Systems der praktischen metrologischen Sicherung aller Strahlungsmessungen, insbesondere regelmäßige meßtechnische Überprüfung der in Anwendung befindlichen und der neu produzierten Strahlungsmeßgeräte und Strahlungsquellen durch das metrologische Staatsinstitut, durch andere vom Staatsinstitut hierfür autorisierte Stellen oder durch die Betriebe und Einrichtungen selbst; Hauptformen dieser Überprüfungen sind:
die Beglaubigung von Normalen, die Eichung und Sonderprüfung von Arbeitsmeßmitteln und die Kalibrierung von Meßgeräten mittels beglaubigter Normalproben [8], die das Staatsinstitut hierfür bereitstellt;
6) Fixierung der Verfahren der Übertragung der Einheiten und der meßtechnischen Anforderungen an die Normale, Arbeitsmeßmittel und Prüfverfahren in normativ-technischen Dokumenten, wie Prüfschemata, Beglaubigungs-, Eich- und Prüfvorschriften [9–16];
7) Gewährleistung der staatlichen Kontrolle über die Einhaltung der gesetzlichen Regelungen und meßtechnischen Ordnungen, Vorschriften und Standards bei der Herstellung und Anwendung von Meßmitteln sowie bei ihrem Import; hierunter fällt auch die staatliche Zulassung der einzelnen Bauarten von Normalen und eichpflichtigen Meßmitteln zur Beglaubigung und Eichung auf Grundlage einer Typenprüfung; eichpflichtig sind in der DDR unter anderem Meßmittel für ionisierende Strahlung, die im Gesundheitswesen und im Strahlenschutz eingesetzt werden [23].

Im folgenden sollen eine kurze Einschätzung des Standes und der Entwicklungstendenzen in der Darstellung und Übertragung der Einheiten der Dosimetrie und der Aktivitätsmessung gegeben und in diesem Zusammenhang einige Probleme aufgezeigt werden, die aus der Sicht der Anforderungen in der DDR einer künftigen Bearbeitung und Lösung bedürfen. Einige dieser Probleme werden im Verlauf der Tagung in detaillierterer Form Gegenstand der Vorträge und Diskussionen sowie der Rundtischgespräche sein. Vorangestellt werden soll eine tabellarische Übersicht über die in dieser Hinsicht interessierenden Größen und Einheiten (Tab. 1), wobei auf deren exakte Definition im ICRU-Report 19 [17] bzw. in TGL 31548 [1] verwiesen wird. Zur besseren Verständigung wurde als Kompromißlösung die Beziehung der SI-Einheiten zu den alten speziellen Einheiten noch einmal mit aufgenommen.

3. Zu Stand und Entwicklungstendenzen der metrologischen Grundlagen der Dosimetrie

Eine Einschätzung für das Gebiet der Dosimetrie ionisierender Strahlung wird sich vorrangig auf den Stand der metrologischen Grundlagen und die praktischen Erfordernisse zur Sicherung richtiger Expositions- und Energiedosismessungen beziehen müssen. Zu den dosimetrischen Arbeitsmeßmitteln, die über Referenz- und Sekundärnormale an die höchsten Normale und damit an die Einheiten anzuschließen sind, gehören vor allem

— Dosimeter für die Strahlentherapie und für bestimmte Bereiche der Forschung und Technik, wie der Strahlenbiologie und -chemie sowie der Strahlensterilisation,
— Dosimeter für den Strahlen- und Umweltschutz sowie für die Landesverteidigung,
— Betastrahlungsquellen, die vor allem in der Kontakttherapie eingesetzt werden und deren Dosisleistungsfelder auszumessen sind, sowie
— Gammastrahlungsquellen hoher Aktivität zur Erzeugung definierter Dosisleistungsfelder in verschiedenen Anwendungsbereichen.

Ohne an dieser Stelle auf die Übertragungs- und Anschlußverfahren im einzelnen einzugehen, soll mit Tab. 2 ein

Tab. 2. Wichtigste Normalmeßeinrichtungen zur Darstellung der Einheiten der Dosimetrie

Meßgröße — Strahlungsart	Röntgen-Anregungssp. Nuklidart (Energie) Reaktionstyp	Normalmeßeinrichtungen	Meß- unsicherheit
Exposition — Röntgen- und Gammastrahlung	5 bis 400 kV	Freiluft- (Parallelplatten-) Ionisationskammern	1 bis 1,5%
	500 bis 3000 kV ^{137}Cs (660 keV) ^{60}Co (1,17; 1,33 MeV)	Druck-, Magnet-Druck-, Hohlraum- Ionisationskammern	1,5 bis 2%
Energiedosis — Quantenstrahlung	500 bis 3000 kV ^{137}Cs (660 keV) ^{60}Co (1,17; 1,33 MeV)	Graphit-Kalorimeter verschiedener Bauarten	1,5 bis 2%
Energiedosis — Betastrahlung	^{147}Pm (0,225 MeV) ^{204}Tl (0,764 MeV) ^{90}Sr/^{90}Y (2,26 MeV) ^{106}Ru/^{106}Rh (3,53 MeV)	Gewebeäquivalente Volumenextrapol.- Ionisationskammern	2,5%
Energiedosis — Neutronenstrahlung	^{239}PuBe (α, n) ^{241}AmBe (α, n) ^{252}Cf D-T (14 MeV)	Gewebeäquivalente n-Ionisationskamm. +γ-empfindliche Graphit-/Al-Kammern	5%

Überblick über die in einer Reihe von metrologischen Staatsinstituten heute vorhandenen Normalmeßeinrichtungen zur Darstellung der Einheiten der Exposition und der Energiedosis gegeben werden. Die Tabelle enthält gleichzeitig die wichtigsten Angaben zu den Energiebereichen bzw. Nuklidarten und zu den erreichbaren Meßunsicherheiten.

Wenn man die Bedeutung der in der Tabelle für die verschiedenen Strahlungsarten aufgeführten Meßgrößen kritisch einschätzt, so ist festzustellen, daß der Schwerpunkt der Entwicklung der metrologischen Basis im internationalen Rahmen noch auf der Messung der Energiedosis von Quanten- und Neutronenstrahlung liegt. Ungeachtet dessen ist bei der Messung von Quantenstrahlung in der praktischen Dosimetrie nach wie vor die Exposition die am weitesten verbreitete Größe; sie bildet ein mittelbares Maß für die absorbierte Energie Materie und beruht bekanntlich auf der Ionisationswirkung in Luft.

Schon seit einer Reihe von Jahren zeichnet sich jedoch eine Entwicklung ab, die dahin geht, auch für Quantenstrahlung in der Praxis die eigentlich interessierende Größe, die Energiedosis, zu messen, da sie ein direktes Maß für die Strahlenwirkung auf Materie darstellt. Diese Entwicklung rückte mit der Einführung der SI-Einheiten noch stärker ins Blickfeld, insbesondere auch der zuständigen internationalen Gremien, wie der ICRU und des im Rahmen der Meterkonvention bestehenden Konsultativkomitees für die Etalons zur Messung ionisierender Strahlung. Die neue SI-Einheit der Exposition (C/kg) wird als eine für die praktische Dosimetrie wenig geeignete Einheit angesehen; außerdem besteht die annähernd zahlenmäßige Übereinstimmung, wie sie zwischen Angaben in den alten Einheiten Röntgen und Rad vorhanden war, nicht mehr, wodurch die Gefahr der Fehleinschätzung bedeutend erhöht wird.

Hinzu kommt, daß in den letzten Jahren besonders in der Strahlentherapie zunehmend härtere Quantenstrahlung und schnelle Elektronen, erzeugt von Linearbeschleunigern und Betatrons, mit Energien bis 50 MeV angewandt werden. Darüber hinaus werden schnelle Neutronen, erzeugt von Zyklotrons und anderen Neutronengeneratoren, bereits mit Erfolg zur Krebsbekämpfung eingesetzt. Für all diese Fälle ist die Größe Exposition nicht mehr meßbar bzw. überhaupt nicht definiert.

In dem Bestreben, der Forderung nach einer direkten Energiedosismessung auch bei Quantenstrahlung Rechnung zu tragen, wurden in einer Reihe führender metrologischer Staatsinstitute bereits kalorimetrische Absolutmeßverfahren zur Darstellung der Energiedosiseinheit Gray aufgebaut, wobei fast ausschließlich Graphit als Bezugsmedium eingesetzt wird. Graphit steht als Reinststoff zur Verfügung und hat gegenüber anderen Materialien, z. B. gewebeäquivalentem Material (TEM), den Vorteil, daß in ihm keine schwer erfaßbaren strahlenchemischen Reaktionen stattfinden. Auch das im ASMW entwickelte Dosiskalorimeter, das inzwischen für Quantenenergien bis ca. 50 MeV ausgebaut wurde, arbeitet mit Graphit als Meßmedium.

Für praktische Energiedosismessungen in der Strahlentherapie und im Strahlenschutz werden jedoch bekanntlich andere Phantommaterialien, wie Wasser und gewebeäquivalentes Material, bevorzugt. Hieraus ergibt sich die Notwendigkeit, geeignete Übertragungs- und Umrechnungsmethoden zu entwickeln bzw. weiter zu verbessern. Die Ermittlung von Energiedosiswerten in Wasser mittels geeigneter Konversionsfaktoren kann unter bestimmten Voraussetzungen aber durchaus auch, wie im ICRU-Report 23 [18] dargestellt, unter Bezugnahme auf den Eichfaktor einer Ionisationskammer für die Expositionsmessung von ^{60}Co-Gammastrahlung frei in Luft geschehen.

Ausgehend von den bisherigen Ausführungen zur Dosimetrie ionisierender Strahlung werden vor allem folgende metrologische Problemstellungen und Aufgaben gesehen, die in Zukunft einer Lösung bedürfen (vgl. hierzu auch [19]):

1. die genauere Bestimmung von Konversionsfaktoren
   - einmal zur Umrechnung von Expositionswerten auf Werte der Energiedosis von Quantenstrahlung in Wasser und gewebeäquivalentem Material (auch bei höheren Energien);
   - zum anderen zur Umrechnung von Energiedosiswerten in Graphit, ermittelt mit kalorimetrischen und ionometrischen Meßverfahren, auf Werte der Energiedosis in Wasser und gewebeäquivalentem Material;
2. die Klärung der Möglichkeiten zur Eichung von Ionisationskammern in Wasser und gewebeäquivalentem Material, gegebenenfalls sogar unter Bezugnahme auf eine direkte Absolutmessung der Energiedosis in diesen Medien mittels neuentwickelter ionometrischer, kalorimetrischer und anderer Meßverfahren [20];
3. die genauere Analyse von Qualitätsfaktoren und deren Anwendung für den Übergang von Energiedosiswerten in gewebeäquivalentem Material auf Werte der Äquivalentdosis, insbesondere bei Neutronen; hierbei kommt der Frage der Ermittlung von Indexgrößen, wie sie im ICRP-Report 26 [21] definiert sind, eine besondere Bedeutung zu.

Als offenes Problem ist darüber hinaus auch die Messung sehr hoher Energiedosis- und -dosisleistungswerte zu betrachten, die im Zusammenhang mit dem Betrieb technischer Bestrahlungsanlagen, z. B. für die Strahlensterilisation, immer mehr in den Vordergrund tritt und für die in den meisten Staatsinstituten die metrologischen Voraussetzungen bisher nicht genügend entwickelt sind.

Abschließend sollen zur Dosimetrie nur noch einige kurze Bemerkungen gemacht werden: Die Durchführung der metrologischen Arbeiten auf diesem Gebiet, vor allem die definitionsgemäße Darstellung der Einheiten, setzt die Lösung einer ganzen Reihe anderer methodischer und analytischer Aufgaben voraus. Dazu gehören u. a.:

- die genaue Kenntnis bzw. experimentelle Bestimmung einer größeren Anzahl universeller und apparativer Konstanten und Korrektionskoeffizienten, wie der mittleren Energie zur Ionenbildung in Luft W_L, der Verhältnisse der Massenenergieabsorptionskoeffizienten μ/ϱ und des Massenbremsvermögens s/ϱ verschiedener Materialien zu Luft, der Schwächung von Quantenstrahlung in Wandmaterialien und in Luft, der Sättigungsverluste durch Ionenrekombination und anderes mehr;
- die exakte Messung sehr kleiner Ionisationsströme in der Größenordnung von 10^{-12} A und darunter sowie sehr kleiner Wärmeleistungen bis zu einigen 10^{-5} W;
- die Erzeugung definierter Strahlungsfelder mittels geeigneter Röntgeneinrichtungen unterschiedlicher Anregungsspannungsbereiche, Gammabestrahlungseinrichtungen, insbesondere mit ^{60}Co- und ^{137}Cs-Quellen, Betastrahlungsquellen verschiedener Nuklide, radioaktiver Neutronenquellen unterschiedlichen Reaktionstyps sowie Neutronengeneratoren und anderer Teilchenbeschleuniger.

Die genaue Kenntnis der Energieverteilung der erzeugten Strahlungsfelder ist für die Darstellung und Übertragung der Einheiten besonders im Hinblick auf die mehr oder weniger ausgeprägte Energieabhängigkeit der Empfindlichkeit von Sekundär- und Referenznormalen und von dosimetrischen Arbeitsmeßmitteln von Wichtigkeit, um Abweichungen von den theoretisch zu erwartenden Spektren, die durch Zusatzfilterungen, durch Schwächung und Streuung der Primärstrahlungen in Kollimations- und Abschirmeinrichtungen sowie durch Moderierung der primären Neutronen bedingt sind, über entsprechende Korrekturen berücksichtigen zu können. Die Analyse der Spektren mittels der Szintillations- und Halbleiterspektrometrie bzw. auch mit Schwellwertdetektoren ist somit ein wesentlicher Bestandteil der metrologischen Arbeiten.

4. Zu Stand und Entwicklungstendenzen der metrologischen Grundlagen der Aktivitätsmessung

Um im weiteren eine kurze Einschätzung für das zweite größere Gebiet, das auf der Tagung zur Diskussion steht, das der Aktivitätsmessung von Radionukliden, zu geben, sollen auch hier einige Ausführungen über den Stand der metrologischen Grundlagen und die praktischen Anforderungen zur Sicherstellung richtiger Aktivitätsmessungen gemacht werden.

Die Meßmittel, die auf diesem Gebiet über anwendungsbereite Normale an die höchsten Normale, d. h. an die Aktivitätseinheit, anzuschließen sind, sollen in folgenden 4 Gruppen zusammengefaßt werden:

- Aktivitätsmeßgeräte für die Nuklearmedizin, die Isotopenproduktion und andere Bereiche von Forschung und Technik,
- Oberflächenkontaminationsmeßgeräte für den Strahlenschutz und die Landesverteidigung,
- umschlossene γ-Strahlungsquellen für Industrie, Forschung und Medizin,
- α- und β-Flächenstrahlungsquellen, die ihrerseits wiederum zur Kontrolle der richtigen Anzeige von Oberflächenkontaminationsmeßgeräten, von Hand-, Fuß- und Kleidermonitoren sowie sonstigen Aktivitätsmeßgertäen mit großflächigen Detektoren dienen.

Das folgende Schema (Abb. 1) soll verdeutlichen, auf welchen Wegen der Anschluß dieser Meßmittel an die Aktivitätseinheit erfolgen kann und welche anwendungsbereiten Normale und Übertragungsverfahren hierfür u. a. eingesetzt werden können, wobei der Darstellung speziell die Verfahrensweisen des ASMW zugrunde liegen. Beim Anschluß der Meßmittel an die Aktivitätseinheit kommt neben dem Einsatz bestimmter Relativmeßmethoden (Ionisationskammern, Durchflußzählrohre, Szintillationsdetektoren) für den Vergleich von α-, β- und γ-Strahlungsquellen mit Normalstrahlungsquellen bzw. von Normalen unterschiedlicher Ordnung vor allem der Schaffung absolut angeschlossener Sekundärnormalstrahlungsquellensätze eine besondere Bedeutung zu. Diese nach speziellen Verfahren hergestellten und eingemessenen Quellensätze von Radionukliden hinreichend großer Halbwertszeit und mit in ihren Aktivitätswerten abgestuften Quellen haben u. a. die Form umschlossener γ-Strahlungsquellen (z. B. für ^{60}Co, ^{137}Cs, Ra) oder von α- und β-Flächenstrahlungsquellen (z. B. für ^{239}Pu, ^{204}Tl, ^{90}Sr/^{90}Y). Der besondere Vorzug derartiger Quellensätze besteht nicht nur in ihrem direkten Anschluß an Absolutmeßverfahren, sondern auch in ihrem definierten Aufbau, der die Erfassung von Korrekturen für Selbst- und Hüllenabsorption erleichtert bzw. überhaupt überflüssig macht. Ein anderer Weg für den Anschluß von Arbeitsmeßmitteln an die Aktivitätseinheit führt über die Bereitstellung von radioaktiven Normalproben in Form von Lösungen oder Gasen durch das metro-

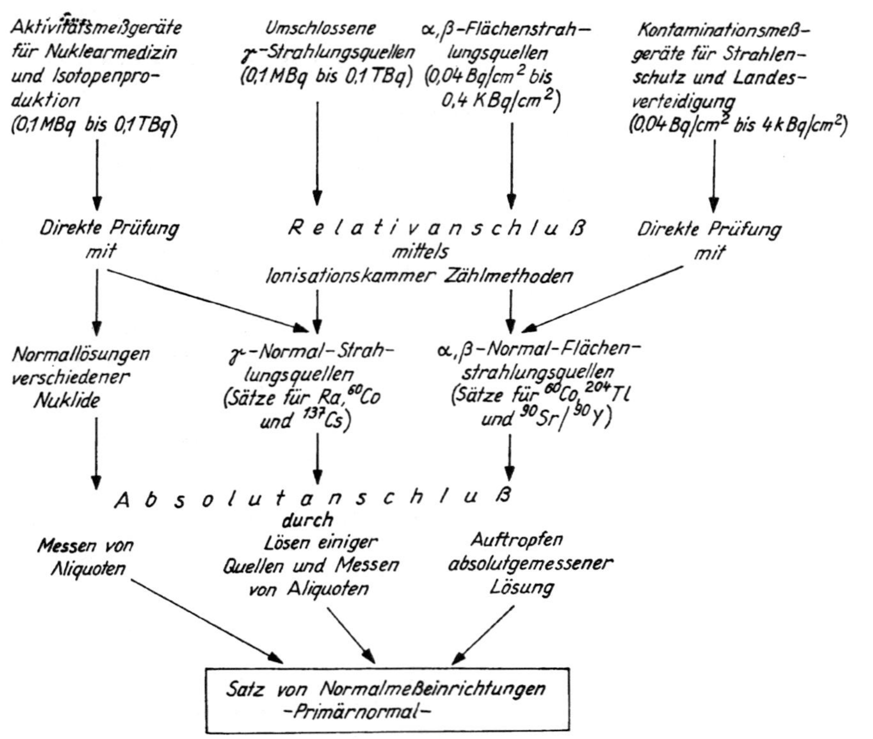

Abb. 1. Formen des Anschlusses von Referenznormalen und Arbeitsmeßmitteln an die Aktivitätseinheit

logische Staatinstitut. Diese Normalproben können direkt zur Kalibrierung von Aktivitätsmeßgeräten und -meßeinrichtungen beim Anwender eingesetzt werden.

Für die Darstellung der Aktivitätseinheit selbst kommen heute in den größeren metrologischen Institutionen meist ganze Sätze von Normalmeßeinrichtungen zur Anwendung. Dies ist bekannterweise dadurch begründet, daß die Anzahl der pro Zeiteinheit stattfindenden Kernumwandlungen nicht direkt, sondern nur über die in ihrer Folge emittierten Quanten- und Teilchenstrahlungen nachgewiesen werden kann.

Strahlungsart, Strahlungsenergie und Aggregatzustand des Radionuklids haben entscheidenden Einfluß auf die meßtechnischen Parameter der einzusetzenden Normalmeßeinrichtung und die anzuwendende Meßmethode. Die genaue Kenntnis des Zerfallsschemas und zuverlässiger Kerndaten ist eine wesentliche Voraussetzung für die Absolutmessung der Aktivität. Als Beispiele für Nuklide unterschiedlichen Zerfalls oder Strahlertyps sollen hier genannt werden:

^{210}Po, ^{239}Pu	als α-Strahler,
^{3}H, ^{14}C, ^{32}P, ^{35}S, ^{90}Sr/^{90}Y, ^{204}Tl	als β-Strahler,
^{24}Na, ^{60}Co, ^{131}I, ^{134}Cs, ^{241}Am	als α,β-γ-koinzidente Strahler,
^{54}Mn, ^{55}Fe, ^{57}Co, ^{75}Se, ^{125}I	als Elektroneneinfangstrahler*)

Tab. 3 gibt einen Überblick über die wichtigsten Normalmeßeinrichtungen, die gegenwärtig in den größeren metrologischen Instituten für die Darstellung der Aktivitätseinheit zur Anwendung kommen; die Tabelle enthält gleichzeitig einige typische Beispiele von Radionukliden, deren Aktivitätswert mit der entsprechenden Absolutmeßeinrichtung vorzugsweise bestimmt werden kann. Die Beispiele zeigen, daß die als Koinzidenzmeßeinrichtungen aufgeführten Normale jeweils auch für die absolute Aktivitätsmessung an reinen α- und β-Strahlern bzw. reinen Elektroneneinfangstrahlern eingesetzt werden können; durch Anwendung der Efficiency Tracer Technique [22] und von Methoden der Extrapolation der Nachweiseffektivitäten

Tab. 3. Wichtigste Normalmeßeinrichtungen zur Darstellung der Aktivitätseinheit

Typ der Normalmeßeinrichtung	Radionuklide (Beispiele)
4π-α,β (PC)-γ-Koinzidenzmeßeinrichtung	^{24}Na, ^{60}Co, ^{131}I, ^{134}Cs, ^{241}Am
4π-X(PPC)-γ-Koinzidenz meßeinrichtung	^{51}Cr, ^{54}Mn, ^{55}Fe, ^{65}Zn ^{75}Se, ^{109}Cd, ^{139}Ce
4π-α, β, X(LSC)-γ-Koinzidenzmeßeinrichtung	^{3}H, ^{14}C, ^{32}P, ^{35}S ^{63}Ni, ^{134}Cs, ^{139}Ce, ^{239}Pu
4π-X(SC)-Meßeinrichtung (auch für X-X-, X-γ-Koinzidenzmessungen)	^{109}Cd, ^{125}I, ^{139}Ce ^{197}Hg
4π-β(IGC)-Meßeinrichtungen (mit Kompensations- u. Mehrelektroden-Zählrohren)	^{3}H, ^{14}C, ^{41}Ar, ^{85}Kr ^{133}Xe

(PC: Proportionalzählrohr; PPC: Druckproportionalzählrohr; LSC: Flüssigkeitsszintillationszähler; SC: Szintillationszähler; IGC: Zählrohr für interne Gaszählung)

*) die in Folge des Elektroneneinfangprozesser auftretenden Röntgenquanten und *Auger*-Elektronen werden im weiteren mit dem Symbol X gekennzeichnet

ε_β bzw. ε_X auf eins läßt sich auch bei diesen ansonsten schwierig zu messenden Strahlertypen eine merkliche Verringerung der Meßunsicherheit erreichen.

In Tab. 3 wurde auf die Angabe von Meßunsicherheiten bewußt verzichtet, da eine derartige Angabe nicht einheitlich gemacht werden kann. Die bei den einzelnen Radionukliden erzielbaren Werte werden entscheidend vom Strahlertyp und von der Komplexität seines Zerfallsschemas bestimmt und hängen nicht zuletzt auch von der angewandten Meßmethodik und der Art der Herstellung der Meßstrahlungsquellen ab. In günstigen Fällen, wie beim Nuklid ^{60}Co als relativ einfachem β-γ-koinzidentem Strahler größerer Halbwertszeit, können Meßunsicherheiten von $\leqq 0{,}1\%$, in ungünstigen Fällen, wie beim reinen Elektroneneinfangstrahler ^{55}Fe, nur Unsicherheiten von 3 bis 5% erreicht werden.

Neben den in der Tabelle enthaltenen Normalmeßeinrichtungen setzt man heute noch verschiedene spezielle Anordnungen zur Absolutmessung der Aktivität von Radionukliden ein, die z. B. auf der Methode der α-Zählung in einem definiertem Raumwinkel oder auf der Methode der Zweifachkoinzidenzmessung bei Flüssigkeitsszintillationszählungen beruhen. Prinzipiell lassen sich die mit diesen Anordnungen bearbeiteten Absolutmeßaufgaben auch mit den in Tab. 3 angegebenen Normalmeßeinrichtungen lösen.

Unter Zugrundelegung dieses kurzen Überblicks über den gegenwärtigen Stand läßt sich die Schlußfolgerung ziehen, daß die in Zukunft auf dem Gebiet der Aktivitätsmessung zu lösenden metrologischen Problemstellungen und Aufgaben — im Gegensatz zur Dosimetrie — weniger in der Entwicklung neuer Normalmeßeinrichtungen als vielmehr in methodischen Untersuchungen zur Absolutmessung, die auf die weitere Verringerung der Meßunsicherheit, insbesondere bei der Messung von reinen β- und reinen Elektroneneinfangstrahlern sowie von natürlichen α-Strahlern, auch im radioaktiven Gleichgewicht mit ihren Folgenukliden, gerichtet sind. Dies kann geschehen durch

1. die weitere Verbesserung der Herstellungstechnologien für die Meßstrahlungsquellen, um damit die Nachweiseffektivitäten ε_β und ε_X zu erhöhen,
2. die Verfeinerung der Efficiency Tracer Technique und der Extrapolationsmethoden zur noch besseren Beherrschung von ε_β und ε_X,
3. die laufende Erfassung und systematische Analyse der für die absolute Aktivitätsmessung wichtigen Kerndaten hinsichtlich der zuverlässigsten Werte, ggf. auch die Neubestimmung derartiger Werte, insbesondere dann, wenn im Rahmen der sonstigen metrologischen Arbeiten die Meßmöglichkeiten hierfür gegeben sind; zu diesen Kerndaten sind z. B. zu rechnen:

- die β-Übergangswahrscheinlichkeiten und
- die γ-Emissionswahrscheinlichkeiten,
- die Konversionskoeffizienten für die γ-Quanten,
- die K-, L-, --- Einfangwahrscheinlichkeiten sowie
- die K-, L-, --- Fluoreszenzausbeuten von Elektroneneinfangstrahlern

und nicht zuletzt auch

- die Halbwertszeit der zu messenden Radionuklide.

Um bei Ausgangslösungen für Normalstrahlungsquellen und radioaktive Normalproben die notwendigen hohen Anforderungen an die Radionuklidreinheit erfüllen zu können, sind weiterhin die Methoden zur Bestimmung von α-, β- und γ-strahlenden Verunreinigungen zu verbessern. Dabei liegt der Schwerpunkt auf dem Nachweis von α- und β-Strahlern mittels der Halbleiterspektrometrie und der Dünnschichtchromatographie, wofür die Methoden in den meisten metrologischen Einrichtungen noch nicht genügend entwickelt sind.

Als ein Gebiet, für das die metrologischen Grundlagen oft noch nicht ausreichend vorhanden sind, ist darüber hinaus das der Messung radioaktiver Aerosole anzusehen, das für den Betrieb von Kernkraftwerken, Forschungsreaktoren und größeren radiochemischen Laboratorien von besonderer Wichtigkeit ist.

Es soll an dieser Stelle nur ein kurzer Hinweis darauf gegeben werden, daß der Auf- und Ausbau der metrologischen Grundlagen der Aktivitätsmessung noch mit der Lösung einer Vielzahl anderer apparativer, präparativer und radiochemischer Problemstellungen verbunden ist, so der Erfassung und Verarbeitung statistischer Impulsfolgen, einschließlich der Impulshöhenanalyse, der Entwicklung der Koinzidenzmeßtechnik, der genauen Bestimmung von Totzeitverlusten und zufälligen Konzidenzen, der quantitativen Verdünnung und Portionierung von radioaktiven Lösungen bei definierter Zusammensetzung (inaktive Trägersubstanzen, Stabilisatoren, Säuregrad), der quantitativen Umsetzung fester und flüssiger Substanzen in die Gasphase, der Entwicklung der präparativen Methoden für die Flüssigkeitsszintillationsmeßtechnik u. a. mehr.

Abschließend sollen zum Gebiet der Aktivitätsmessung nur noch zwei Fragen aufgeworfen werden, die für das ASWM von besonderem Interesse sind.

Die erste betrifft den Umfang der Bereitstellung radioaktiver Normalproben durch die metrologischen Staatsinstitute, und zwar hinsichtlich Aggregatzustand, Nuklidart, Quellenform und -typ. Bisher umfaßt die Bereitstellung derartiger Normalproben in den meisten Fällen

— radioaktive Normallösungen und -gasproben sowie
— spektrometrische Eichquellensätze.

Im Hinblick auf technologische Grenzen und die von vornherein begrenzte Produktionskapazität eines Staatsinstitutes ist noch zu diskutieren, inwieweit eine Erweiterung der Bereitstellung auf

— Normalstrahlungsquellen für die Probenanalytik
— Normale für die LSC-Meßtechnik oder auch auf
— Normalflächenstrahlungsquellen

möglich ist.

Die zweite Frage betrifft die Verfahrensweise bei der Richtighaltung von Aktivitätsmeßgeräten, insbesondere der in der Nuklearmedizin als Arbeitsmeßmittel eingesetzten eichpflichtigen Geräte:

— Die direkte Eichung derartiger Geräte im metrologischen Staatsinstitut würde die Bereithaltung von absolut angeschlossenen Normalproben für eine größere Anzahl von Radionukliden, auch z. B. mit kürzerer Halbwertszeit, erfordern.
— Die andere Möglichkeit, die Überprüfung der richtigen Anzeige der Geräte durch den Anwender unter Nutzung der von uns bereitgestellten Normalproben, macht regelmäßige Kontrollen durch staatliche Stellen erforderlich, um die Richtigkeit der Messungen sicherzustellen.

Da das ASMW bisher den zweiten Weg gegangen ist, wurde über die Durchführung sogenannter Anwendervergleiche eine gewisse Kontrollmöglichkeit geschaffen.

Tab. 4. Bestätigte RGW-Etalons der Dosimetrie und der Aktivitätsmessung

RGW-Etalon der Einheit/phys. Größe	Jahr der Bestätigung	Zusammengesetzt aus den Staatlichen Etalons Land — Institutionen
Einheit der Exposition von Quantenstrahlung (5 bis 3000 keV)	1974	UVR — OMH DDR — ASMW VRP — PKNMiJ UdSSR — WNIIM
Einheit der Energiedosis von Betastrahlung	1973	DDR — ASMW UdSSR — WNIIM
Einheit der Energiedosis von Neutronenstrahlung	1973	UdSSR — WNIIM
Einheit der Energiedosis von Quantenstrahlung	1978	DDR — ASMW UdSSR — WNIIFTRI
Einheit der Aktivität von Radionukliden bis 1 MBq	1976	UVR — OMH DDR — ASMW UdSSR — WNIIM CSSR — UVVVR
Einheit der Aktivität von Radionukliden über 1 MBq	1973	UdSSR — WNIIM

(OMH: Staatliches Amt für Meßwesen (Budapest); PKNMiJ: Polnisches Komitee für Standardisierung, Metrologie und Qualität (Warschau); WNIIM: Wissenschaftliches Allunions-Forschungsinstitut für Metrologie „D. J. Mendelejew" (Leningrad); WNIIFTRI: Wissenschaftliches Allunions-Forschungsinstitut für physikalisch-technische und radiotechnische Messungen (Moskau); UVVVR: Institut für die Untersuchung, Herstellung und Anwendung von Radioisotopen (Prag))

5. Zur internationalen Zusammenarbeit der RGW-Länder auf dem Gebiet der Metrologie ionisierender Strahlung

Die bisherige Entwicklung der Metrologie ionisierender Strahlung war durch eine enge wissenschaftlich-technische Zusammenarbeit zwischen den metrologischen Einrichtungen der sozialistischen Länder auf zweiseitiger Basis und im Rahmen der Ständigen Kommissionen des RGW für Standardisierung und für Atomenergie gekennzeichnet. In den zurückliegenden Jahren wurde eine Vielzahl von Themen mit Erfolg gemeinsam bearbeitet.

Es sollen hier genannt werden:

- die Entwicklung von Methoden und Normalmeßeinrichtungen zur Darstellung und Übertragung der Einheiten ionisierender Strahlung oder auch zur Bestimmung von radioaktiven Verunreinigungen in Normalstrahlungsquellen;
- die Erarbeitung von Analysen und Zusammenstellungen der für die Dosimetrie und die Aktivitätsmessung wichtigen universellen Konstanten und apparativen Korrektionskoeffizienten;
- die Durchführung zwei- und mehrseitiger internationaler Vergleichsmessungen zur Überprüfung des Genauigkeitsniveaus der höchsten staatlichen Normale und zur Aufdeckung systematischer Fehler bei der Darstellung und Übertragung der Einheiten in den einzelnen Ländern;
- die Erarbeitung von normativ-technischen Dokumenten, z. B. von Prüfschemata und Prüfvorschriften für die wichtigsten Meßmittel oder auch von methodischen Hinweisen für die Durchführung internationaler Vergleiche und nicht zuletzt
- die Schaffung gemeinsamer RGW-Etalons für eine ganze Reihe von Meßgrößen auf der Grundlage eingehender Analysen des wissenschaftlich-technischen Niveaus der staatlichen Normale der einzelnen Länder; in Tab. 4 ist eine Zusammenstellung der für die Gebiete der Dosimetrie und der Aktivitätsmessung bisher von der SKS bestätigten RGW-Normale enthalten.

Rückblickend kann man feststellen, daß sich die Intensität und das Niveau der Zusammenarbeit ständig erhöht haben. Während z. B. noch Anfang der 70er Jahre die Entwicklungsarbeiten und Vergleichsmessungen auf dem Gebiet der Aktivitätsmessung die Messung von β- und β-γ-koinzidenten Strahlern zum Inhalt hatten, stehen in der letzten Zeit bevorzugt die schwieriger zu messenden Elektroneneinfangstrahler, wie ^{57}Co, ^{133}Ba, ^{75}Se, im Vordergrund; auch die Übereinstimmung der Vergleichsergebnisse hat sich schrittweise verbessert, was z. B. sehr deutlich bei den auf dem Gebiet der Dosimetrie durchgeführten RGW-Vergleichen erkennbar ist.

Der Internationale Erfahrungsaustausch soll allen Teilnehmern dazu dienen, die mit der weiteren Entwicklung der Dosimetrie und der Aktivitätsmessung verbundenen Probleme zu diskutieren und zu analysieren, um hieraus letztendlich Impulse für die Lösung der künftigen Aufgaben in den einzelnen Ländern und im Rahmen der bi- und multilateralen Zusammenarbeit zu erhalten.

Aus der Beratung der praktischen Einsatzerfordernisse in der Medizin, im Strahlenschutz, in der Isotopenproduktion und in anderen Bereichen sollen Schlußfolgerungen für die weiteren Arbeiten zur Sicherung der metrologischen Basis und richtiger Messungen in der Praxis gezogen werden.

Die Tagung wird in der Erwartung durchgeführt, daß sie zum beschleunigten Ausbau des Etalonsystems des RGW auf diesem Gebiet unter Einbeziehung bisher nicht erfaßter Meßgrößen, Meßbereiche oder auch Nuklidarten beiträgt, die Entwicklung von Normalen höchster Genauigkeit und von anwendungsbereiten Normalen hoher Konstanz für den Anschluß von Referenznormalen und Arbeitsmeßmitteln in den sozialistischen Ländern fördert.

Und nicht zuletzt soll sie dazu beitragen, durch eine weitere Verbesserung der Zusammenarbeit und die Vereinheitlichung der Methoden der Übertragung der Einheiten und der Anforderungen an die Meßmittel bessere Voraussetzungen zu schaffen

- für die gegenseitige Anerkennung der Ergebnisse von Meßmittelprüfungen,
- für die verstärkte Koordinierung und Spezialisierung der Herstellung und gegenseitigen Lieferung von Referenznormalen und Arbeitsmeßmitteln, einschließlich radioaktiver Normalquellen und -lösungen.

In diesem Sinne ist diesem erstmalig durchgeführten Internationalen Erfahrungsaustausch ein guter Verlauf und bester Erfolg zu wünschen.

Eingegangen am 1. 8. 1980

Literatur

[1] TGL 31548 Einheiten physikalischer Größen; Ausgabe März 1979
[2] TGL 31542/04 Staatliche Etalons; Staatliches Etalon der Einheit der Exposition von Quantenstrahlung; Ausgabe Juli 1978
[3] TGL 31542/05 Staatliche Etalons; Staatliches Etalon der Einheit der Energiedosis von Betastrahlung; Ausgabe Juli 1978
[4] TGL 31542/22 Staatliche Etalons; Staatliches Etalon der Einheit der Energiedosis von Quantenstrahlung; Ausgabe Januar 1980
[5] TGL 31542/09 Staatliche Etalons; Staatliches Etalon der Einheit der Aktivität von festen und flüssigen radioaktiven Strahlungsquellen; Ausgabe September 1979
[6] TGL 31542/10 Staatliche Etalons; Staatliches Etalon der Einheit der Aktivität von gasförmigen radioaktiven Strahlungsquellen; Ausgabe September 1979
[7] TGL 31542/71 Staatliche Etalons; Staatliches Etalon der Einheit der Neutronenquellstärke von radioaktiven Neutronenquellen; Ausgabe September 1979
[8] *H. Rothe, H. Greupner, R. Brust, E. Schönfeld*, Isotopenpraxis **13** (1977) 262
[9] TGL 31543/04 Staatliche Etalons; Prüfschema für die Meßmittel der Exposition von Quantenstrahlung; Ausgabe Juli 1978
[10] TGL 31543/05 Staatliche Etalons; Prüfschema für die Meßmittel der Energiedosis von Betastrahlung; Ausgabe Juli 1978
[11] TGL 31543/22 Staatliche Etalons; Meßmittel der Energiedosis von Quantenstrahlung; Prüfschema; Ausgabe Januar 1980
[12] TGL 31543/09 Staatliche Etalons; Meßmittel der Aktivität von festen und flüssigen radioaktiven Strahlungsquellen; Prüfschema; Ausgabe September 1979
[13] TGL 31543/10 Staatliche Etalons; Meßmittel der Aktivität von gasförmigen radioaktiven Strahlungsquellen; Prüfschema; Ausgabe September 1979
[14] TGL 31543/11 Staatliche Etalons; Meßmittel der Neutronenquellstärke von radioaktiven Neutronenquellen; Prüfschema; Ausgabe September 1979
[15] DAMW-VM 197 Dosis und Dosisleistung von Röntgen- und Gammastrahlung mit Quantenenergie bis 3 MeV; Medizinisches Dosimeter; Eichvorschrift; Ausgabe Dezember 1967
[16] DAMW-VM 198 Dosis und Dosisleistung von Röntgen- und Gammastrahlung mit Quantenenergie bis 3 MeV; Strahlenschutzdosimeter; Eichvorschrift; Ausgabe Dezember 1967
[17] ICRU-Report 19, Radiation Quantities and Units, Washington 1971
[18] ICRU-Report 23, Measurement of Absorbed Dose in a Phantom Irradiated by a Single Beam of X or Gamma Rays, Washington 1973
[19] Bericht über die 4. Sitzung des Comité Consultatif pour les Étalons de Mesure des Rayonnements Ionisants, Section I — Rayons X et γ, Électrons, Paris und Washington 1977
[20] *S. R. Domen*, Med. Phys. **7** (1980) 157
[21] ICRP-Publication 26, Pergamon Press, Oxford 1977
[22] *E. Schönfeld, R. Brust, H. Greupner*, Isotopenpraxis **11** (1975) 347
[23] Anordnung über die Liste der eichpflichtigen Meßgeräte vom 6. Juli 1977, GBl. I, Nr. 19

Originalarbeiten

Вопросы метрологического обеспечения измерений параметров электронных пучков с энергией электронов до 50 МэВ

В. И. Фоминых, И. И. Цветков

(НПО ,,ВНИИМ им. Д. И. Менделеева'', Ленинград)[1]

Рассмотрены принципы метрологического обеспечения измерения параметров электронных пучков и характеристик, описывающих взаимодействие их с веществом.
Приведены основные параметры эталонного комплекса и указан порядок передачи размера единиц радочим средствам измерений на основе общесоюзной поверочной схемы для средств измерений параметров электронных пучков. Предложено с целью повышения эффективности использования пучков заряженных частиц ускорителей и повышения качества ускорителей проводить их метрологическую аттестацию по одному или нескольким основным интегральным параметрам поля излучения (поток частиц, поток энергии, перенос частиц и т.д.).

Keywords
accelerators; calibration; electron beams; radiation dose units; radiation doses

Возникшие за последние годы новые нетрадиционные области использования электронных ускорителей и потребность в метрологической аттестации средств измерений параметров электронных пучков поставили вопрос о расширении эталонной базы страны, так как метрологическое обеспечение данного направления не могло быть выполнено на базе созданного ранее эталона единицы поглощенной дозы бета-излучения радиоактивных нуклидных источников [1].

В связи с этим во ВНИИМ им. Д. И. Менделеева с 1972 г. ведутся работы, направленные на создание системы метрологического обеспечения в области измерения параметров электронных пучков с энергией до 50 *МэВ*. Предшествующие работы в этой области, анализ материалов по использованию электрофизических установок с электронным излучением и задачи, которые в настоящее время ставятся перед практикой использования этого вида излучения, позволили сформулировать основные направления создания и развития системы метрологического обеспечения.

К ним относится выбор комплекса физических величин, наиболее полно характеризующих поле электронного излучения, единицы которых могут быть воспроизведены в настоящее время или в ближайшем будущем с наивысшей точностью в данной области измерений. Одновременно эта группа физических величин должна наиболее полно удовлетворитъ потребностям практики в различных областях народного хозяйства. В состав этой группы, по нашему мнению, должны входить следующие физические величины:

— плотность потока электронов
— плотность потока энергии электронов
— поток электронов
— поток энергии электронов
— поглощенная доза электронного излучения в стандартном материале (графит, алюминий, тканеэквивалентное вещество).

В результате анализа современного уровня развития методов и средств измерений было установлено, что в настоящее время техника эксперимента позволяет воспроизводить единицы физических величин в области измерения параметров электронных пучков с погрешностью на уровне 1%.

Например, используя зарядовый и электрофизические методы, единица потока электронов — I/c (электрон/с) может быть воспроизведена с погрешностью 1%, используя калориметрический метод, единица потока энергии электронов — *Вт.*, единица поглощенной дозы электронного излучения-Гр могут быть воспроизведены с погрешностью 1% и на уровне 1—1,5%, соответственно. Погрешность воспроизведения единиц остальных перечисленных выше физических величин остается на уровне 2—5%.

Основным звеном в системе метрологического обеспечения являются эталоны. В области точных измерений параметров электронных пучков с энергией от 0,8 до 8,0 *пдж* (5—50 *МэВ*), это государственный первичный эталон СССР единиц потока электронов и потока энергии электронов [2], созданный во ВНИИМ им. Д. И. Менделеева — ГЭТ 93—75. Указанный эталон осуществлен в виде эталонного комплекса, воспроизводящего единицы основных параметров электронных пучков с наивысшей точностью.

Принципы, заложенные при создании эталонного комплекса:

— использование абсолютных методов при измерении физических величин;
— сочетание бесконтактных методов измерений с методами измерений, основанных на явлении взаимодействия электронного излучения с веществом;
— выбор и построение комбинированных первичных преобразователей или систем первичных преобразователей, позволяющих одновременно воспроизводить единицы двух физических величин;
— использование бесконтактных преобразователей для включения их в состав систем автоматического регулирования параметров источнкиа излучения;
— использование измерительной техники, позволяющей осуществлять подключение линии ЭВМ для оперативной обработки результатов измерений;

[1]) UdSSR-198005 Leningrad, Moskauer Prospekt 19

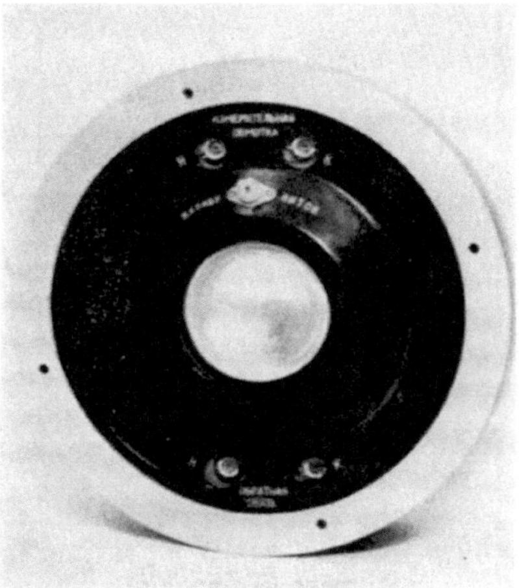

Рис. 1. Магнитоиндукционный преобразователь для измерений потока заряженных частиц

Рис. 2. Электрометрический преобразователь для измерений потока заряженных частиц

Рис. 3. Калориметр-цилиндр Фарадея для измерений потока электронов и потока энергии электронов

Государственный перичный эталон СССР представляет собой комплекс первичных измерительных преобразователей, состоящий из цилиндра Фарадея, калориметра-цилиндра Фарадея, магнитоиндукционного и электрометрического преобразователей (рис. 1—3), электронно-измерительной системы. В состав установки входят вспомогательные устройства, предназначенные для формирования требуемых геометрических размеров электронного пучка. По результатам исследований определены дианазоны и составляющие погрешности воспроизведения единиц потока электронов и потока энергии электронов

$$\Phi_N - 10^{10} - 10^{15} \text{ I/с/электрон/с/} \quad S_0 - 1\%$$
$$\Theta_0 - 2{,}0\%$$
$$\Phi - 10^{-3} - 10 \; Вт \quad S_0 - 1\%$$
$$\Theta_0 - 2{,}5\%$$

где S_0 — среднее квадратическое отклонение результата воспроизведения единицы,
Θ_0 — неисключенные остатки систематических погрешностей.

Метрологическое обеспечение рассматриваемой области включает разработку общесоюзной поверочной схемы на средства нзмерений потока электронов с энергией до 80 *пДж* (50 *МэВ*), устанавливающей порядок передачи размера единиц и соподчиненности средств измерений, используемых в различных областях народного хозяйства [5]. Стремление к снижению погрешности передачи размера единиц, созданию наилучших условий хранения размера воспроизводимых единий обусловило введение в состав эталонной базы комплекса рабочих эталонов (рис. 4).

Измерительный комплекс, предназначенный для аттестации в качестве рабочего эталона потока электронов в диапазоне от 10^{15} до 10^{20} I/с с энергией элекронов от 0,8 до 80 *пДж*, состоит из набора первичных преобразователей типа цилиндра Фарадея и магнитоиндукционного преобразователя.

В состав рабочего эталона потока энергии электронов в диапазонах от 10^{-4} до 1 *Вт* с энергией 0,8 — 80 *пДж* и от 1 до 10^2 *Вт* с энергией 0,032—24 *пДж* включены первичные преобразователи типа калориметр-цилиндр Фарадея, выполненные в виде составных комбинированных преобразователей.

В комплекс рабочих эталонов включена установка для измерения поглощенной дозы электронного излучения в графите в диапазоне от 10^{-1} *Гр/с* до 10^3 *Гр/с* с энергией электронов от 0,032 до 80 *пДж*, выполненную в виде набора калориметров поглощенной дозы в графите.

Отпервичного эталона с помощью набора рабочих эталонов осуществляется передача размера единиц образцовым средствам измерений потока электронов и потока энергии, выполненным в виде ионизационных камер, преобразователя на основе явления вторичной эмиссии, квантометров, калориметров и цилиндра Фарадея.

Аттестация образцовых и рабочих приборов осуществляется или путем одновременных измерений в поле электронного излучения (в случае широких пучков) или методом прямых измерений (узкие пучки) с использованием в качестве монитора тонкостенной проходной ионизационной камеры или безконтактного магнитоиндукционного преобразователя.

Для передачи размера единицы поглощенной дозы образцовым средствам измерений используются фер-

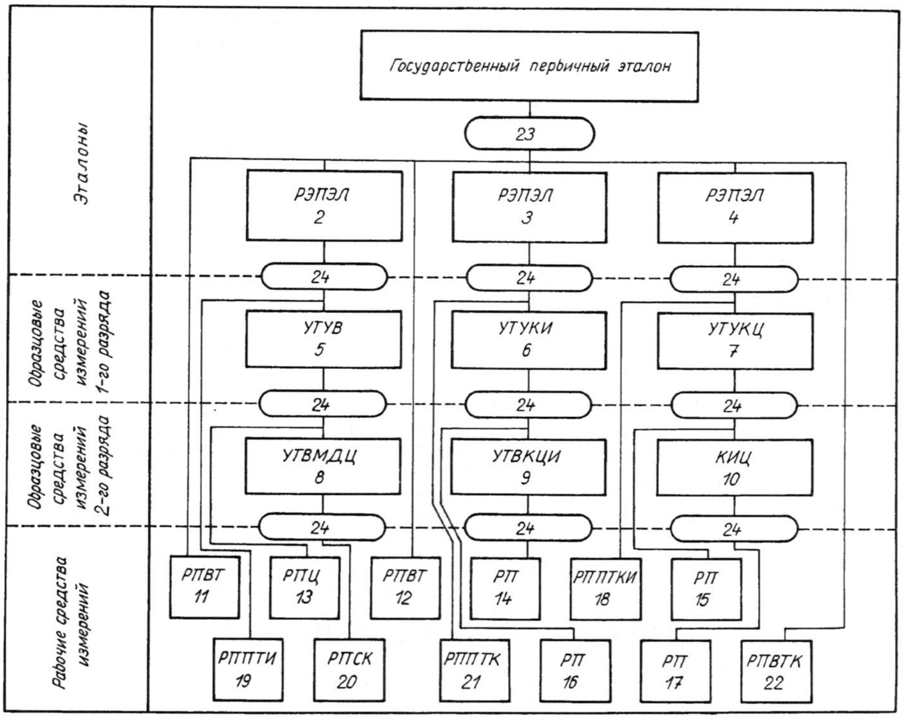

Рис. 4. Общесоюзная поверочная схема для средств измерений потока электронов и потока энергии ускоренных электронов с максимальной энергией от 0,8 до 8 *пДж* (5 – 50 *Мэв*)

1	Государственный первичный эталон единиц потока электронов и потока энергии ускоренных электронов с максимальной энергией от 0,8 до 8 *пДж* (5 – 50 *Мэв*) $S = 1 \cdot 10^{-2}$; $10^{10}-10^{15}$ электрон/с; $10^{-4}-10^{-1}$ *Вт*; $\Theta_0 = 3 \cdot 10^{-2}$
РЭПЭЛ	Рабочие эталоны потока электронов: Цилиндр Фарадея, магнитноиндукционный детектор
2	$10^{15} - 10^{20}$ электрон/с; 0,8 – 8 *пДж*; $S_0 = 3 \cdot 10^{-2}$
РЭПЭН	Рабочие эталоны потока энергии ускоренных электронов: калориметр-цилиндр Фарадея
3	$1 \cdot 10^{-4} - 1$ *Вт*, 0,8 – 8 *пДж*, $S_0 = 3 \cdot 10^{-2}$
4	$1 - 1 \cdot 10^{2}$ *Вт*, 0,032 – 2,4 *пДж*, $S_0 = 3 \cdot 10^{-2}$
УТУВ	Установки типа „Урал“, „Ветлуга“: детекторы ЭСЭ
5	$10^{10} - 10^{20}$ электрон/с; 0,8 – 8 *пДж*; $S_0 = 9\%$
УТУКИ	Установки типа „Урал“: калориметры, ионизационные камеры
6	$1 \cdot 10^{-4} - 1$ *Вт*: 0,8 – 8 *пДж*; $S_0 = 9\%$
УТУКЦ	Установки типа „Урал“: калориметры, цилиндр Фарадея
7	$1 - 1 \cdot 10^{2}$ *Вт*; 0,032 – 2,4 *пДж*; $S_0 = 9\%$
УТВМДЦ	Установка типа „Витим“: вторично-эмиссионные мониторы, детекторы ЭСЭ, цилиндры Фарадея
8	$10^{10} - 10^{20}$ электрон/с; 0,8 – 8 *пДж*; $S_0 = 14\%$
УТВКЦИ	Установка типа „Витим“: калориметры-цилиндры, ионизационные камеры, квантометры
9	$1 \cdot 10^{-4} - 1$ *Вт*; 0,8 – 8 *пДж*; $S_0 = 14\%$
КИЦ	Калориметры, ионизационные камеры, цилиндры Фарадея
10	$1 - 10^{2}$ *Вт*; 0,032 – 2,4 *пДж*; $S_0 = 14\%$
РПВТ	Рабочие приборы высшей точности
11	$10^{10} - 10^{20}$ электрон/с; 0,8 – 8 *пДж*; $\Delta_0 = 5 - 10\%$
12	$1 \cdot 10^{-4} - 1$ *Вт*; 0,8 – 8 *пДж*; $\Delta_0 = 5 - 10\%$
РПЦ	Рабочие приборы: цилиндры Фарадея, зарядовые коллекторы, счетчики
13	$10^{10} - 10^{20}$ электрон/с; 0,8 – 8 *пДж*; $\Delta_0 = 15 - 20\%$
РП	Рабочие приборы
14	$1 \cdot 10^{-4} - 1$ *Вт*; 0,8 – 8 *пДж*; $\Delta_0 = 20 - 25\%$
15	$1 - 10^{2}$ *Вт*; 0,032 – 2,4 *пДж*; $\Delta_0 = 15 - 20\%$
16	$1 \cdot 10^{-4} - 1$ *Вт*; 0,8 – 8 *пДж*; $\Delta_0 = 15 - 20\%$
17	$1 - 10^{4}$ *Вт*; 0,032 – 2,4 *пДж*; $\Delta_0 = 20 - 25\%$
РППТКИ	Рабочие приборы повышенной точности: калориметры, квантометры, ионизационные камеры
18	$1 - 10^{2}$ *Вт*; 0,032 – 2,4 *пДж*; $\Delta_0 = 10 - 15\%$
РППТИ	Рабочие приборы повышенной точности: ионизационные камеры, п/л детекторы, ВЭЦ
19	$10^{10} - 10^{20}$ электрон/с; 0,8 – 8 *пДж*; $\Delta_0 = 10 - 15\%$
РПСК	Рабочие приборы: счетчики, зарядовые коллектроы, коллиматоры, мишени
20	$10^{10} - 10^{20}$ электрон/с; 0,8 – 8 *пДж*; $\Delta_0 = 20 - 25\%$
РППТК	Рабочие приборы повышенной точности: квантометры, калориметры
21	$1 \cdot 10^{-4} - 1$ *Вт*; 0,8 – 8 *пДж*; $\Delta_0 = 10 - 15\%$
РПВТК	Рабочие приборы высшей точности: калориметры, ЦФ
22	$1 - 10^{2}$ *Вт*; 0,032 – 2,4 *пДж*; $\Delta_0 = 5 - 10\%$
23	Сличения при помощи компаратора
24	Непосредственное сличение

росульфатные и пленочные дозиметры [3, 4]

$$\left(g = 15{,}35\ \frac{\text{пар ионов}}{100\ эВ}\right),$$

а для диапазона 10^4 *Гр* и выше преобразователи типа ДТС-0,01/10 и др. [3].
Для определения геометрических параметров поля излучения в практических измерениях используются отечественные термолюминесцентные дозиметры на основе LiF.

Создание средств измерений, разработка и внедрение апробированных методик измерений параметров электронных пучков дополняют комплекс нормативно-технической документации в данной области.

Наряду с этим, по нашему мнению, обеспечению единства и достоверности измерений способствовала бы метрологическая аттестация полей излучения всех ускорителей заряженных частиц, используемых в народном хозяйстве.

При разработке электрофизических установок обычно ограничиваются техническими характеристиками и указывают напряжения питания, потребляемую мощность, габариты, вес и др., с другой стороны в практике необходимы в первую очередь характеристики поля излучения. Поэтому с считаем, что все ускорители должны проходить первичную и периодическую метрологическую аттестацию, проводимую государственной (или ведомственной) метрологической службой. В программу такой аттестации необходимо включать измерения одного или нескольких основных интегральных параметров поля излучения ускорителя

— поток заряженных частиц (электронов)
— перенос заряженных частиц (электронов)
— поток энергии
— перенос энергии
— поглощенная или эквивалентная доза в стандартном материале (графит),
— спектральное распределение заряженных частиц,
— степень неоднородности поля излучения (геометрические параметры поля излучения).

Предполагаем, что в зависимости от типа и области использования электрофизической установки возможны сочетания различных аттестационных параметров.

Потока электронов и потока энергии электронов с энергией от 0,8 до 8.0 *пДж* (от 5 до 50 *МэВ*).

Поступила в редакцию 23/VII, 1980 г.

Литература

[1] *М. Ф. Юдин* и др., Измерительная техника 1972, № 2, 20
[2] *И. И. Цветков* и др., Измерительная техника 1976, № 6, 3
[3] Методические рекомендации по дозиметрии радиационно-технологических процессов. СЭВ, Москва 1976
[4] ICRU Report 21. Radiation Dosimetry, Electrons with Initial Energies between 1 and 50 MeV. Washington 1972.
[5] Государственный стандарт СССР. ГОСТ 8.202-76. Государственный первичный эталон и общесоюзная поверочная схема для средств измерений

Grundlagen der absoluten Energiedosismessung von Quanten- und Elektronenstrahlung bis 50 MeV

O. Hecker, K. Helmstädter, R. Kunze, H. Korn, H. Rothe

(Amt für Standardisierung, Meßwesen und Warenprüfung, Bereich Meßwesen, Fachabteilung Ionisierende Strahlung) [1])

Die Energiedosis wird heute als die wichtigste dosimetrische Größe angesehen. Für sehr viele Anwendungszwecke ionisierender Strahlung gibt es einen einfachen Zusammenhang zwischen dieser Größe und der beobachteten Strahlenwirkung. Ausgehend von der Definition wird die Messung der Energiedosis bei Sekundärelektronengleichgewicht und bei Fehlen dieser Voraussetzung behandelt. Zur Absolutbestimmung der Energiedosis — wobei zugleich auch noch die für ein Standardverfahren erforderliche Genauigkeit erreicht wird — kommen gegenwärtig vor allem Kalorimeter, Ionisationskammern sowie chemische Dosimeter in Frage. Die genannten Verfahren werden kurz behandelt, die Anforderungen an ihre Realisierbarkeit erläutert. Auf Übergangslösungen, die für Elektronen- bzw. Quantenenergien größer ca. 3 MeV anwendbar sind, wird verwiesen.

Keywords
absolute counting; calibration; dosimetry; electrons; measuring methods; radiation doses; X radiation

1. Einführung

Die Energiedosis wird heute als wichtigste dosimetrische Größe angesehen, denn für viele Anwendungszwecke stellt sie das wesentliche Maß für die beobachtete Strahlenwirkung dar. Zudem ist sie diejenige physikalische Größe, die im Wirkungsablauf Strahlungsquelle-Strahlungsfeld-Kerma (nur für Quantenstrahlung)-Energiedosis-beobachtbare Strahlenwirkung im allgemeinen die letzte eindeutige physikalische Größe ist und damit die direkteste Verbindung zur Strahlenwirkung herstellt. Das ist auch ein Grund dafür, daß die zuständigen internationalen Gremien (Meterkonvention, Internationale Kommission für radiologische Einheiten und Messungen (ICRU)) in ihren Beschlüssen bzw. Empfehlungen zunehmend auf die direkte Messung der Energiedosis orientieren. Als Wechselwirkungsgröße ist die Energiedosis eine Funktion von Material, Ort und Strahlungsfeld.

Die Energiedosis D ist definiert als Quotient aus $\mathrm{d}E$ und $\mathrm{d}m$, wobei $\mathrm{d}E$ die mittlere, durch Einwirkung beliebiger ionisierender Strahlung in einem Volumenelement aufgenommene Energie und $\mathrm{d}m$ die Masse dieses Volumenelementes ist [1]:

$$D = \frac{\mathrm{d}E}{\mathrm{d}m} \tag{1}$$

Die Einheit der Energiedosis ist das Gray (Gy) [2]. Es gilt

$$1\ \mathrm{Gy} = 1\ \mathrm{J/kg} \tag{2}$$

Der Begriff „aufgenommene Energie“ (engl.: energy imparted) erfordert eine nähere Erläuterung [3]. Man will unter diesem Begriff die mittlere wirksam werdende Energie verstehen, also diejenige, die als Ionisation und Anregung von Atomen und Molekülen in Erscheinung tritt sowie in chemische Energie bzw. Kristallgitterenergie übergeht u. a. Da alle in Frage kommenden Einzelprozesse nur schwer allgemein zu beschreiben sind, definiert man $\mathrm{d}E$ folgendermaßen:

$$\mathrm{d}E = \mathrm{d}E_{\mathrm{in}} - \mathrm{d}E_{\mathrm{ex}} + \mathrm{d}Q \tag{3}$$

[1]) Anschrift: DDR, 1162 Berlin, Fürstenwalder Damm 388

Dabei ist:

$\mathrm{d}E_{\mathrm{in}}$ = Summe aller Energien (ausschließlich der Ruhenergien) aller direkt und indirekt ionisierender Teilchen, die in das Volumenelement eintreten

$\mathrm{d}E_{\mathrm{ex}}$ = Summe aller Energien (ausschließlich Ruhenergien) aller direkt und indirekt ionisierender Teilchen, die aus dem Volumenelement austreten

$\mathrm{d}Q$ = Summe der Reaktions- und Umwandlungsenergien aller Kern- und Elementarteilchenprozesse (Q kann positiv oder negativ sein).

Ist $\mathrm{d}E_{\mathrm{in}} = \mathrm{d}E_{\mathrm{ex}}$, so bezeichnet man diesen Zustand als Strahlungsgleichgewicht im Volumen $\mathrm{d}V$. Solche Verhältnisse sind exakt nur erreichbar in ausgedehnten Probekörpern mit gleichmäßig darin verteilten Strahlungsquellen. Derartige Idealbedingungen treten in der Praxis kaum auf. Vielmehr hat man es bei externen Bestrahlungen mit außerhalb von Probekörpern gelegenen Quellen zu tun, so daß für β- und Elektronenstrahlung Gleichgewichtsbedingungen von vornherein nicht möglich sind. Dagegen kann man für Quantenstrahlung (und auch für andere indirekt ionisierende Strahlung) unter gewissen Voraussetzungen in guter Näherung das sogenannte Sekundärelektronengleichgewicht erreichen. Für Quantenstrahlung mit Energien kleiner einige MeV ist nämlich die Reichweite der entstehenden Sekundärelektronen viel kleiner als die mittlere freie Weglänge der Primärquanten. Das bedeutet, daß in hinreichend großen, homogenen Körpern in Volumina von der Größenordnung der Reichweite der Sekundärelektronen die Quantenstrahlung praktisch konstant ist, also in obigem Sinne eine gleiche Quellendichte — bezogen auf die Sekundärelektronen — im Körper erzeugt wird. In diesem Fall wird die aus dem Volumen $\mathrm{d}V$ durch Elektronen herausgetragene Energie gerade durch die Energie der eintretenden Elektronen kompensiert, so daß die in $\mathrm{d}V$ endgültig absorbierte Energie praktisch gleich der Kerma K, d. h. derjenigen Energie ist, die durch Primärprozesse der Quantenstrahlung in diesem Volumen freigesetzt wird:

$$D = \frac{\mathrm{d}E}{\mathrm{d}m} = K \qquad (4)$$

Die Bedingungen des Sekundärelektronengleichgewichts sind selbst dann noch erfüllt, wenn man die oben genannte Voraussetzung der Homogenität fallen läßt und örtliche Dichteschwankungen im Material zuläßt (sog. „Fano-Theorem", Voraussetzung für die Gültigkeit dieses Theorems ist jedoch außerdem, daß das Massenbremsvermögen von der Dichte unabhängig ist). Auf der Gleichheit von Energiedosis und Kerma unter der Voraussetzung des Sekundärelektronengleichgewichts basiert ein großer Teil der „klassischen" Dosimetrie von Quantenstrahlung mit Energien kleiner einige MeV, wobei häufig das Fano-Theorem zusätzlich Anwendung findet (z. B. bei den „homogenen" Ionisationskammern).

Bei Quantenenergien von oberhalb einigen MeV ist Elektronengleichgewicht nicht mehr realisierbar, weil die Reichweite der Sekundärteilchen dann nicht mehr klein ist gegenüber der mittleren freien Weglänge der Primärquanten. Ebenso ist auch in unmittelbarer Nähe von Punktquellen und in Grenzgebieten zwischen unterschiedlichen Stoffen Sekundärelektronengleichgewicht nicht erreichbar. Diese letztgenannten Sonderfälle sollen hier nicht weiter betrachtet werden.

Für Quantenstrahlung höherer Energie und Elektronenstrahlung greift man daher häufig auf das sogenannte „*Bragg-Gray*-Prinzip" [4] zurück, das eine Beziehung herstellt zwischen der Energiedosis D an einem Punkt in einem Medium und der Ionisation in einem hinreichend kleinen Gashohlraum, der an diesen Punkt im Medium gebracht wird, wobei vorausgesetzt wird, daß die ohne Hohlraum vorhandenen Flußdichten indirekt oder direkt ionisierender Teilchen im Medium durch den Hohlraum praktisch nicht verändert werden. Für einen luftgefüllten Hohlraum gilt:

$$D = s \cdot \frac{W_{\mathrm{L}}}{e} \cdot \frac{Q}{\varrho \cdot V} \qquad (5)$$

Dabei ist:

Q = im Hohlraum erzeugte Ladung

s = relatives, auf Luft bezogenes Massenbremsvermögen des Mediums, gemittelt über das Elektronenspektrum im Hohlraum

W_{L}/e = auf die Elementarladung e bezogener Wert des mittleren Energieaufwandes zur Bildung eines Ionenpaares in Luft

V = Hohlraumvolumen

ϱ = Luftdichte im Hohlraum

Bezüglich dieser Gleichung von *Gray* gibt es einige Erweiterungen und Modifizierungen, auf die hier jedoch nicht weiter eingegangen werden kann.

2. Meßverfahren

Es gibt nur in wenigen Ausnahmefällen die Möglichkeit, die Energiedosis entsprechend ihrer Definition nach Gl. (1) bzw. unter Verwendung der Gl. (4) oder (5) am gewünschten Ort in einer beliebigen Substanz zu bestimmen. Das betrifft vor allem auch die beiden großen Anwendungsbereiche der Dosimetrie — die Strahlentherapie und den Strahlenschutz —, da direkte Messungen im menschlichen Gewebe naturgemäß nicht möglich sind. Man benötigt daher in diesen Fällen ein Ersatzmedium, in dem die Dosis bestimmt wird, und benutzt theoretisch fundierte Rechenverfahren zur Bestimmung der letztlich interessierenden Energiedosis in Gewebe. Als Ersatzmedien werden vorrangig Luft, Graphit, gewebeäquivalentes Material und Wasser verwendet.

Alle Absolutverfahren zur Bestimmung der Energiedosis arbeiten auf dieser Basis und benutzen die o. g. Definitionen und Beziehungen. Als absolute Dosimeter sollen diejenigen verstanden werden, die zur Dosismessung geeignet sind, ohne daß sie in einem bekannten Strahlungsfeld kalibriert werden müssen. Darüber hinaus sollen hier nur solche Meßverfahren betrachtet werden, die eine für ein Normal erforderliche Genauigkeit besitzen, d. h. Kalorimeter, Ionisationskammern und *Fricke*-Dosimeter (wobei diese Einschränkung etwas willkürlich ist).

Als fundamentalstes Verfahren zur Bestimmung der Energiedosis ist die Anwendung von Kalorimetern anzusehen. Kalorimeter sind gleichermaßen für Elektronen- wie für Quantenstrahlung geeignet. Das Meßprinzip beruht darauf, daß entsprechend Gl. (1) die durch Strahlungseinwirkung in einem kleinen Probekörper (Absorber) absorbierte Energie direkt durch die ihr äquivalente Temperaturerhöhung und aus der Masse des Probekörpers bestimmt wird. Dabei braucht nicht vorausgesetzt zu werden, daß tatsächlich die gesamte absorbierte Strahlungsenergie auch in Wärmeenergie übergeht. Der nicht in Wärme umgesetzte Anteil muß jedoch bekannt sein. Als Probensubstanz wird überwiegend Graphit verwendet, aber auch gewebeäquivalentes Material, und an Wasserkalorimetern wird gearbeitet. Für Quantenstrahlung sind Dosiskalorimeter heute vom Bereich mittelharter Röngtenstrahlung bis zu Energien von ca. 50 MeV im Einsatz. Für Elektronenstrahlung sind sie auf Grund der geringen Reichweiten erst für Energien größer ca. 5 MeV anwendbar. Sie erfordern vom Meßprinzip her bei Quantenstrahlung nicht die Einhaltung des Elektronengleichgewichtes, obwohl man aus praktischen Gründen das den Probekörper umgebende Material immer dicker als die maximale Elektronenreichweite wählen wird. Die Nachteile des Verfahrens liegen darin, daß die Temperaturerhöhung nur äußerst gering ist (1 Gy erzeugt in Graphit eine Temperaturerhöhung von ca. $1{,}5 \cdot 10^{-3}$ K), so daß der meßtechnische Aufwand recht beträchtlich wird. Außerdem hat sich international noch kein einheitlicher Kalorimetertyp durchgesetzt, so daß u. U. beträchtliche Korrektionen notwendig sein können, um die Anzeigen von zwei unterschiedlich aufgebauten Kalorimetern zu vergleichen.

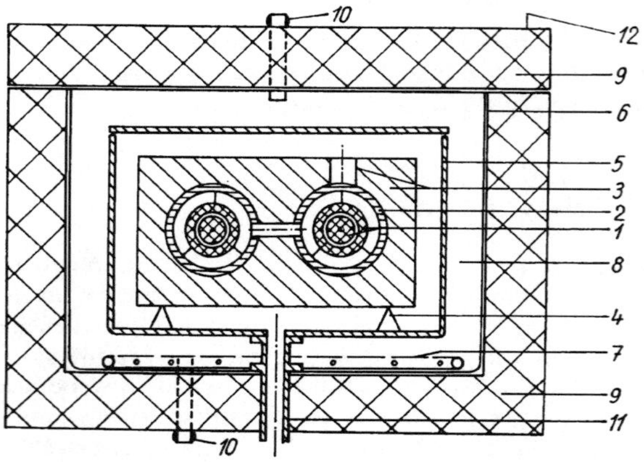

Abb. 1. Querschnitt des quasiadiabatischen Differentialkalorimeters des ASMW

1 — Absorber-Jackett-Einheit; 2 — Aluminiumring für die Aufhängung und Justierung der Absorber-Jackett-Einheit; 3 — Kalorimetermantel mit Öffnung zum Einbringen einer Ionisationskammer; 4 — Unterstützung und Justierschrauben für den Mantel; 5 — Vakuumgehäuse; 6 — Innenwand des Thermostatengehäuses; 7 — Zuführung für das thermostatierte Wasser; 8 — Thermostatenbad; 9 — Polyurethanschaumfüllung; 10 — Zu- und Abfluß für das thermostatierte Wasser; 11 — Vakuumanschluß; 12 — Außenwand des Thermostatengehäuses

Im ASMW wurde ein quasiadiabatisches Differentialkalorimeter (Abb. 1) zur Messung der Energiedosis von Quantenstrahlung mit Energien größer ca. 0,5 MeV entwickelt und bis zu Quantenenergien von etwa 1,8 MeV erprobt [5]. Diese Meßeinrichtung ist so konzipiert, daß durch Abänderung der Absorber-Jackett-Einheiten ihr Einsatzbereich bis zu Quantenenergien von ca. 50 MeV erweitert werden kann. Erste Messungen mit dem in dieser Weise umgebauten Kalorimeter am Betatron der Charité in Berlin sind in nächster Zeit geplant.

Am weitesten verbreitet zur Bestimmung der Energiedosis sind heute noch luftgefüllte Ionisationskammern. Für Quantenstrahlung von kleiner ca. 3 MeV sind sie unter Ausnutzung des Sekundärelektronengleichgewichtes als Freiluftkammern ausgeführt. Sie sind dabei so konzipiert, daß sie nicht eigentlich die Energiedosis, sondern die Exposition messen, eine Größe, die nach Multiplikation mit W_L/e und geringfügigen Korrekturen auf die Kerma und damit nach Gl. (4) auch auf die Energiedosis in Luft führt. Oberhalb von ca. 0,5 MeV sind Hohlraumkammern zu Dosismessungen geeignet. Sie basieren auf dem *Bragg-Gray*-Prinzip (Gl. 5) und messen primär die Energiedosis im Wandmaterial (häufig Graphit), werden aber gegenwärtig schwerpunktmäßig zur Messung der Exposition von Gammastrahlung eingesetzt. Der Vorteil dieser Methode liegt in ihrem relativ geringen experimentellen Aufwand und der großen Empfindlichkeit. Als Nachteil ist die relativ große Unsicherheit der Massenbremsvermögen anzusehen. Sowohl Freiluft- als auch Hohlraumkammern sind im ASMW bereits viele Jahre im Einsatz [6—9].

Für die Messung der Energiedosis von β- und Elektronenstrahlung werden heute ebenfalls vorwiegend Ionisationskammern auf der Grundlage des *Bragg-Gray*-Prinzips benutzt. Dabei verwendet man vorwiegend sogenannte Extrapolationskammern, die die Dosis in einem gewebeäquivalenten Stoff bestimmen und bei entsprechender Konstruktion sowohl Oberflächen- als auch Tiefendosiswerte messen können.[2])

Im ASMW wurde bereits vor über 10 Jahren eine Extrapolationskammer für die Betadosimetrie entwickelt [10]. Gegenwärtig werden Arbeiten zur Erweiterung ihres Anwendungsbereiches auf Elektronenstrahlung mit Energien größer ca. 3 MeV durchgeführt.

Aus der Vielzahl der chemischen Dosimetersysteme [3] soll hier nur das *Fricke*-Dosimeter erwähnt werden. Es beruht auf der strahleninduzierten Oxydation von Fe^{2+}-Ionen in luftgesättigter 0,8 N Schwefelsäure. Die dabei gebildete, der Energiedosis proportionale Konzentration der Fe^{3+}-Ionen ist spektralphotometrisch bestimmbar. Die Verbindung zur Energiedosis wird durch den sogenannten *G*-Wert hergestellt, das ist die Zahl der Reaktionen je 100 eV absorbierter Energie. Dieser Wert ist praktisch energieunabhängig. *Fricke*-Dosimeter werden heute weltweit sowohl für Quantenstrahlung als auch für Elektronenstrahlung bei Energien bis mindestens 50 MeV eingesetzt, wobei sie sich besonders als Vergleichsnormal bewährt haben.

3. Übergangslösungen bei Energien über ca. 3 MeV

Die Darstellung und Weitergabe der Energiedosiseinheit für Quanten- und Elektronenstrahlung ist im internationalen Maßstab bisher besonders für Strahlungsenergien bis zu einigen MeV vorangetrieben worden. Für höhere Energien wird diese Aufgabe — vor allem auf Grund der erforderlichen Strahlungsquellen — zunehmend kostenintensiver. Die ICRU [11—13] und andere internationale Gremien haben daher bereits vor etlichen Jahren empfohlen, bis zur Erstellung geeigneter Normalverfahren zur Energiedosismessung in diesem Energiebereich für ^{60}Co-γ-Strahlung geeichte Sonden-Ionisationskammern zu verwenden.

Die Energiedosis D_W in Wasser für Quantenstrahlung mit einer Energie λ ergibt sich aus folgender Beziehung

$$D_W = M \cdot N_c \cdot C_\lambda \tag{6}$$

M = Anzeige am Meßgerät, korrigiert auf Bezugswerte von Temperatur, Druck und Feuchtigkeit

N_c = Eichwert bzw. Korrektionsfaktor zur Bestimmung der Exposition von ^{60}Co-Strahlung

C_λ = energieabhängiger Konversionsfaktor (s. Tab. 1)

[2]) Extrapolationskammern eignen sich grundsätzlich auch zur Messung der Oberflächendosis weicher Röntgenstrahlung.

Tab. 1. Konversionsfaktor C_λ und Tiefe d unter der Wasseroberfläche bei Messung von Quantenstrahlung in Abhängigkeit von der Strahlungsqualität

Strahlungsqualität	Werte der C_λ-Faktoren $Gy \cdot C^{-1} \cdot kg$	Tiefe d in Wasser cm
^{137}Cs, ^{60}Co, 2 MV	36,9	5
4 bis 6 MV	36,5	5
8 bis 10 MV	36,1	5
12 bis 14 MV	35,7	7
16 bis 18 MV	35,3	7
20 bis 25 MV	34,9	7
30 MV	34,6	10
35 MV	34,2	10

Die Messung selbst soll mit einem Ionisationskammerdosimeter in einem Standard-Wasserphantom erfolgen.

Das Phantom muß folgende Mindestabmessungen haben:

- senkrecht zur Strahlung 30×30 cm²
- Tiefe 20 cm
- es soll ein mindestens 5 cm breiter, unbestrahlter Rand um das Strahlungsbündel herum vorhanden sein.

Die Dosismessung in Wasser ist in Abhängigkeit von der Quantenenergie in definierten Tiefen d unter der Wasseroberfläche durchzuführen (s. Tab. 1). Zur Bestimmung der Dosiswerte in anderen Tiefen benutzt man die entsprechenden Tiefendosistabellen (siehe z. B. [14]).

An die Ionisationskammer des Meßsystems werden folgende Anforderungen gestellt:

- Detektordurchmesser 10 mm
  Detektorlänge 15 mm
  Diese Werte sind als Abmessung des Hohlraumes zu verstehen.
- Die maximale Energieabhängigkeit — gemessen frei in Luft — soll im Bereich von 100 kV- bis 300 kV-Röntgenstrahlung 5% nicht überschreiten (das entspricht etwa einem Halbwertsschichtbereich von 0,2 bis 3,5 mm Cu).
- Die Kammerwanddicke soll 4 bis 5 mm betragen.
- Die Kammer soll möglichst keinen Metallstiel haben, darüber hinaus gute Sättigungseigenschaften besitzen und keine Stielverluste aufweisen.

Das medizinische Dosimeter VA-J-18 und der Nachfolgetyp 27012 sind in Verbindung mit der Schlauch- oder Stielkammer als Meßsysteme geeignet. Die Schlauch- und Stielkammern sind jedoch für eine ordnungsgemäße Eichung mit ^{60}Co-Strahlung mit Wandverstärkungskappen auszurüsten.

Die Energiedosis D_W im Wasser für Elektronenstrahlung mit einer Energie E ergibt sich — in Analogie zur Energiedosisbestimmung für Quantenstrahlung — nach folgender Beziehung:

$$D_W = M \cdot N_c \cdot C_E \cdot p \quad (7)$$

M = Anzeige am Meßgerät, korrigiert auf Bezugswerte von Temperatur, Druck und Feuchtigkeit

N_c = Eichwert bzw. Korrektionsfaktor zur Bestimmung der Exposition von ^{60}Co-Strahlung

C_E = energie- und tiefenabhängiger Konversionsfaktor (s. Tab. 2)

p = Korrektionsfaktor für den Einfluß der Ionisationskammer auf den Elektronenfluß

Tab. 2. Konversionsfaktor C_E in Abhängigkeit von der Elektronenanfangsenergie und der Tiefe im Wasserphantom, $Gy \cdot C^{-1} \cdot kg$

Tiefe d in Wasser cm	Elektronenanfangsenergie E_0 MeV					
	5	10	20	30	40	50
1	35,7	34,0	31,9	30,8	30,0	29,5
2		34,6	32,4	31,2	30,5	29,9
3		35,5	32,9	31,6	30,8	30,2
5		37,3	33,8	32,2	31,4	30,7
10			35,9	34,0	32,6	31,7
15				36,2	34,5	32,9
20						34,7
24						35,6

Die Messung soll ebenfalls mit einem Ionisationskammerdosimeter in einem Standard-Wasserphantom mit den angegebenen Mindestabmessungen erfolgen.

Die Dosismessung im Wasser ist in Abhängigkeit von der Elektronenanfangsenergie E_0 in definierten Tiefen d unter der Wasseroberfläche durchzuführen

für
$2\,MeV \leqq E_0 \leqq 5\,MeV \qquad d = 0{,}5$ cm
$5\,MeV \leqq E_0 \leqq 10\,MeV \qquad d = 1{,}0$ cm
$10\,MeV \leqq E_0 \leqq 20\,MeV \qquad d = 2{,}0$ cm
$20\,MeV \leqq E_0 \leqq 50\,MeV \qquad d = 3{,}0$ cm

Die Abmessungen der Ionisationskammern speziell in Richtung des Elektronenstrahls sollen möglichst klein sein, um die Störung des Elektronenflusses gering zu halten.

Für Fingerhutkammern ergeben sich in Abhängigkeit vom inneren Radius r und von der Elektronenenergie Korrektionsfaktoren (Störfaktoren) p, die in die Beziehung (7) eingehen (s. Tab. 3).

Tab. 3. Korrektionsfaktoren p (Störfaktoren) für Fingerhutkammern mit einem inneren Radius r in Wasser für verschiedene mittlere Elektronenenergien

E/MeV	$r = 0{,}25$ cm	$r = 0{,}5$ cm	$r = 0{,}8$ cm
1	0,947		
5	0,986	0,981	0,977
10	0,992	0,989	0,987
20	0,997	0,995	0,993

Für die Elektronendosimetrie sind das medizinische Dosimeter VA-J-18 und der Nachfolgetyp 27012 mit den o. g. Kammertypen als Meßsysteme geeignet, wobei für die ^{60}Co-Eichung ebenfalls Wandverstärkungskappen vorhanden sein müssen.

Die C_E- und C_λ-Faktoren befinden sich z. Z. in einem Stadium der Überarbeitung. Bis die zuständigen internationalen Gremien jedoch neue Werte empfohlen haben, sollten aus Gründen der Einheitlichkeit der Messungen noch die alten Werte benutzt werden.

Eingegangen am 23. 7. 1980

Literatur

[1] ICRU-Report 19, Radiation Quantites an Units, Washington 1971
[2] 15. Generalkonferenz für Maß und Gewicht, Resolution 9, Paris 1975
[3] *F. H. Attix, W. C. Roesch, E. Tochilin,* Radiation Dosimetry, Academic Press, New York 1968
[4] *L. H. Gray,* Proc. Roy. Soc. A **156** (1936) 578
[5] *R. Kunze, H. Rothe, H. Korn,* Isotopenpraxis **15** (1979) 265
[6] *B. Zipprich,* Wiss. Zs. der TU Dresden **10** (1961) 952
[7] *H. Rothe, K. Willuhn,* Isotopenpraxis 8 (1972) 281
[8] *R. Kunze, H. Rothe, G. Schulz,* Isotopenpraxis 8 (1972) 431
[9] *O. Hecker, H. Rothe,* Isotopenpraxis 8 (1972) 373
[10] *K. Helmstädter, H. Rothe, H. Korn,* Isotopenpraxis **16** (1980) 393
[11] ICRU-Report 21, Radiation Dosimetry: Electrons with Initial Energies Between 1 and 50 MeV, Washington 1972
[12] ICRU-Report 23, Measurement of Absorbed Dose in a Phantom Irradiated by a Single Beam or X or Gamma Rays, Washington 1973
[13] ICRU-Report 24, Determination of Absorbed Dose in a Patient Irradiated by Beams of X or Gamma Rays in Radiotherapy Procedures, Washington 1976
[14] Brit. Journ. Radiol., Suppl. **11**, 1972

Vergleich der Staatlichen Etalons der Einheit der Energiedosis von Betastrahlung der DDR und der UdSSR im niederenergetischen Bereich

I. A. Urjajew, W. I. Fominych

(Wissenschaftliches Allunions-Forschungsinstitut für Metrologie „D. I. Mendelejew" der UdSSR, WNIIM) [1])

K. Helmstädter, H. Korn, H. Rothe

(Amt für Standardisierung, Meßwesen und Warenprüfung der DDR, ASMW)[2])

Es wird über die Durchführung und die Ergebnisse eines Vergleichs der Staatlichen Etalons für die Einheit der Energiedosis von Betastrahlung der UdSSR und der DDR im niederenergetischen Bereich berichtet, an dem das WNIIM (UdSSR) und das ASMW (DDR) beteiligt waren. In beiden Institutionen wurden mit Volumenextrapolationsionisationskammern die Energiedosisleistungen von zwei als Übertragungsnormale dienenden ^{147}*Pm-Betastrahlungsquellen in verschiedenen Abständen von der Quellenoberfläche gemessen. Die Abweichungen der Meßergebnisse lagen im Mittel bei 3%.*

Der Bezug auf gleiche Flächenmasse der Luftschicht zwischen Kammer und Quelle, auf gleichen Meßelektrodendurchmesser und gleiche Dicke der Eintrittsfensterfolie erfolgte durch speziell ermittelte Korrektionsfaktoren.

Keywords

beta radiation; comparative evaluations; GDR; ionization chambers; radiation doses; standardization; USSR

1. Einleitung

Im Rahmen der wissenschaftlich-technischen Zusammenarbeit zwischen der UdSSR und der DDR auf dem Gebiet der Metrologie gibt es zahlreiche Aktivitäten, die vor allem dem einen Ziel, der Sicherung der Einheitlichkeit und Richtigkeit der Messungen in allen Bereichen der Volkswirtschaft, einschließlich des Gesundheitswesens und des Umweltschutzes, dienen. Zu diesem gemeinsamen Wirken hat auch die nun schon zehn Jahre praktizierte Zusammenarbeit auf dem Gebiet der Betadosimetrie zwischen dem WNIIM und dem ASMW beigetragen.

In beiden Institutionen sind die Staatlichen Normale des jeweiligen Landes für die Einheit der Energiedosis von Betastrahlung entwickelt und aufgebaut worden. Ein in den Jahren 1969/70 durchgeführter Vergleich dieser Normalmeßeinrichtungen für Betastrahlung des Nuklids ^{90}Sr/^{90}Y ergab eine Übereinstimmung der Meßergebnisse von $\leqq 4\%$, die innerhalb der durch die Meßunsicherheiten beider Normale bedingten Fehlergrenzen liegt.

Im Rahmen der Ständigen Kommission des RGW für Standardisierung (Sektion Metrologie) wird seit einigen Jahren die Schaffung von RGW-Normalen zur Darstellung der Einheiten physikalischer Größen angestrebt. Im Jahre 1974 wurde als eines der ersten RGW-Normale auf dem Gebiet der ionisierenden Strahlung das zur Darstellung der Einheit der Energiedosis von Betastrahlung gebildet und von der SKS des RGW bestätigt. Dieses RGW-Normal setzt sich aus den entsprechenden Staatlichen Normalen der UdSSR und der DDR zusammen.

Eine daraus erwachsende wesentliche Aufgabe ist die ständige Vervollkommnung und Weiterentwicklung der Normalmeßeinrichtungen. Diesem Zweck diente auch der 1977/78 durchgeführte Vergleich der Normalmeßeinrichtungen des WNIIM und des ASMW im niederenergetischen Bereich unter Verwendung von Betastrahlungsquellen des Nuklids ^{147}Pm, über den nachstehend berichtet wird. Bei der Messung der Energiedosis von Betastrahlung niederer Energien ist auf Grund der erheblichen Absorption und Streuung bereits in der zwischen Quelle und Ionisationskammer liegenden Luftschicht die Schaffung einheitlicher Vergleichsbedingungen wesentlich komplizierter als bei der Messung energiereicher Betastrahlung, z. B. des Nuklids ^{90}Sr/^{90}Y.

2. Die Normalmeßeinrichtungen der Teilnehmer

Die Normalmeßeinrichtungen des WNIIM und des ASMW zur Darstellung der Einheit der Energiedosis von Betastrahlung bestehen jeweils aus einer Volumenextrapolationsionisationskammer, einer Ladungsmeßeinrichtung und einer Bestrahlungsanlage. Ausführliche Beschreibungen der beiden Einrichtungen sind bereits in früheren Veröffentlichungen gegeben worden [1, 2]. In Tab. 1 werden

Anschriften: [1]) UdSSR – 198005 Leningrad, Moskauer Prospekt 19; [2]) DDR-1162 Berlin, Fürstenwalder Damm 388

Tab. 1. Gegenüberstellung der wichtigsten Parameter der Volumenextrapolationsionisationskammern des WNIIM und des ASMW

Parameter	Werte für die Extrapolationsionisationskammern	
	WNIIM	ASMW
Meßelektrodenblock		
Material	Piacryl	Piacryl
Elektrodendurchmesser		
Nennwerte in mm	10;20;30;40;50	3; 10; 30; 100
Ringnut Breite/Tiefe in mm	0,35/0,2	0,4/1,0
Schutzringbreite in mm	≧15	≧20
Eintrittsfenster		
freier Innendurchmesser in mm	90	150
Material der Fensterfolie	Polyäthylen, graphitiert	Styroflex, graphitiert
Foliendicke in mg/cm²	7,0	6,6
Kammerarbeitsspannung in *V*	50—150	300
Verlauf der Kammerachse	vertikal	horizontal

nochmals die wichtigsten Kenndaten der verwendeten Extrapolationskammern des WNIIM und des ASMW gegenübergestellt.

Aus den Angaben ist ersichtlich, daß es bei einigen Parametern Unterschiede gibt, die sich auf die Energiedosismessung und gegenbenenfalls auch auf die Resultate auswirken können (Foliendicke des Eintrittsfensters und freier Innendurchmesser des Fensterrahmens). Auf die Berücksichtigung dieser Unterschiede wird bei der Diskussion der Meßergebnisse eingegangen.

Die Messung der Ionisationsströme erfolgt im WNIIM mittels einer Kompensationsstrommeßeinrichtung nach *Townsend* und im ASMW mit dem Kompensationsstrommeßgerät „current integrator" NP 1000 (Hersteller: Staatliches Amt für Meßwesen (OMH) Budapest).

Die Bestimmung der Energiedosis bzw. Energiedosisleistung wird bei der Extrapolationskammer auf die Messung des Ionisationsstromes in Abhängigkeit vom Elektrodenabstand und eine anschließende Extrapolation dieser Werte in graphischer Darstellung auf den Abstand Null zurückgeführt.

Die Berechnung erfolgte nach den folgenden Beziehungen im WNIIM

$$P = 7{,}8 \cdot 10^{11} \frac{\Delta I \cdot \varepsilon \cdot \varrho}{\Delta V} \cdot \frac{273 + t}{P} \tag{1}$$

im ASMW

$$D = K \cdot \frac{i_s \cdot f_D}{d \cdot F} \tag{2}$$

mit

$$K = S_{\text{gas}}^{\text{fest}} \frac{W_{\text{gas}}}{e \varrho_{20°}} \tag{2a}$$

Die beiden Beziehungen sind inhaltlich identisch, verwenden nur unterschiedliche Symbole und Zusammenfassungen der eingehenden Größen.

Es bedeuten:

I bzw. i_s	den Sättigungsionisationsstrom
V bzw. $d \cdot F$	das Meßvolumen (d Elektrodenabstand, F Elektrodenfläche)
ε bzw. W_{gas}	mittlere Energie zur Bildung eines Ionenpaares im Kammergas (für Luft 33,8 eV + 1,5%)
ϱ bzw. $S_{\text{gas}}^{\text{fest}}$	das Verhältnis der Massenbremsvermögen vom festen Stoff zu dem vom Kammergas (bei Luft 1,122 ± 1% für ^{147}Pm)
e	die Elementarladung
$\frac{273 + t}{p}$ bzw. f_D	die Korrektionsgrößen bzw. den Korrektionsfaktor zur Umrechnung der Luftdichte auf den Bezugswert bei 0 °C, 101,3 kPa bzw. 20 °C, 101,3 kPa.

Für die Umrechnung der Energiedosisleistungswerte von der alten Einheit rd/h auf die SI-Einheit Gy/s ist in beiden Beziehungen noch mit einem Faktor von $2{,}78 \cdot 10^{-6}$ zu multiplizieren.

3. Verwendete Strahlungsquellen

Für die Durchführung des Vergleichs wurden zwei umschlossene Betastrahlungsquellen des Nuklids ^{147}Pm verwendet, die aus der Isotopenproduktion der DDR stammen. Abmessungen und Aktivitätswerte dieser Quellen sind in Abb. 2 zusammengefaßt.

Promethium-147 ist ein reiner Betastrahler mit einer Maximalenergie von 225 keV und einer Halbwertszeit von 2,62 a [3]. Die konfektionierten ^{147}Pm-Strahlungsquellen vom Typ AE bestehen aus scheibenförmigen Aluminiumkapseln mit einem Strahlenaustrittsfenster aus dünner Glimmerfolie (ca. 4 mg/cm²). Das radioaktive Material ist elektrolytisch auf einer Metallscheibe aufgetragen, die in die Kapsel eingebaut ist.

Wie spektrometrische Untersuchungen bestätigten, liegt das Energiemaximum der austretenden Strahlung auf Grund der Absorption in der Glimmerfolie wenig unterhalb 200 keV.

Die Aktivitätsverteilung über die vorgegebene aktive Fläche der Quellen ist aus der Intensitätsverteilung der austretenden Strahlung, gemessen mit einer Szintillationssonde hinter einer Blende von 2 mm Durchmesser, erkennbar, wie sie in Abb. 1a für die Quelle ^{147}Pm AEA 049 und in Abb. 1b für die Quelle ^{147}Pm AEC 128 dargestellt ist.

Tab. 2. Abmessungen und Aktivitäten der ^{147}Pm-Betastrahlungsquellen, die beim Vergleich verwendet wurden

Strahlungsquelle Typ; Nr.	Nennaktivität (Meßdatum 3. 10. 1972) MBq	Höhe mm	Außendurchmesser mm	Durchmesser der aktiven Fläche mm
AEA 049	47	6,5	42	14
AEC 128	716	6,5	58	33

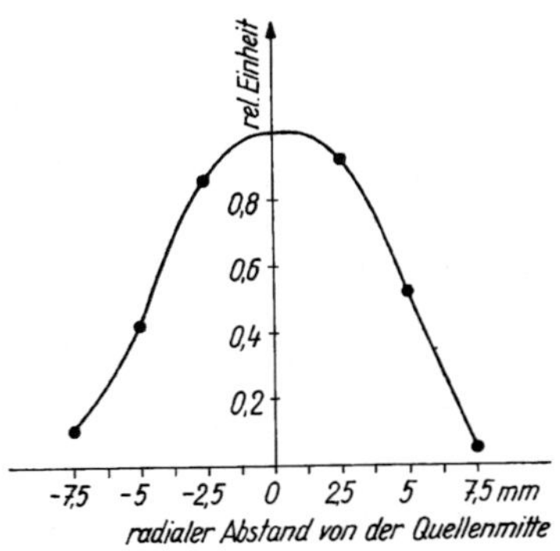

Abb. 1a. Intensitätsverteilung an der Oberfläche der Betastrahlungsquelle ^{147}Pm AEA 049

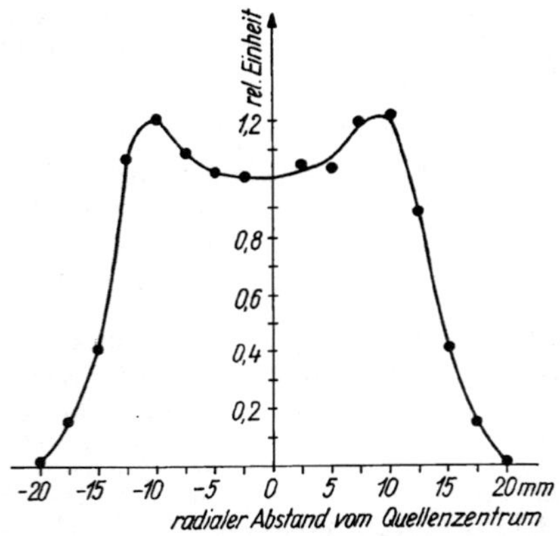

Abb. 1b. Intensitätsverteilung an der Oberfläche der Betastrahlungsquelle ^{147}Pm AEC 128

4. Meßbedingungen

Für den Vergleich erfolgte die Bestimmung der von den ^{147}Pm-Strahlungsquellen erzeugten Energiedosisleistungen in Abständen zwischen dem Eintrittsfenster der Extrapolationskammer und der äußeren Quellenoberfläche von 0 (Kontakt) und 10 mm für die Quelle AEA 049 und 0 (Kontakt), 10, 30, 50 und 80 mm für die Quelle AEC 128. Die Strahlungsquellen waren so justiert, daß ihr geometrisches Zentrum mit der in Strahlungsrichtung verlaufenden Kammerachse zusammenfiel und die Ebene der aktiven Oberfläche der Quelle zu der Ebene des Kammereintrittsfensters parallel lag. Die verwendeten Meßelektroden hatten die in Tab. 3/angegebenen effektiven Durchmesser.

Die Messungen fanden unter normalen Laborbedingungen statt. Auf Grund der erheblichen Absorption der weichen Betastrahlung in der Luft wurde zur Berück-

Tab. 3. Angabe der genauen Werte der beim Vergleich verwendeten Elektrodendurchmesser

Strahlungsquelle	Effektive Elektrodendurchmesser in mm	
	WNIIM	ASMW
AEA 049	10,053	10,524
AEC 128	30,058	30,485

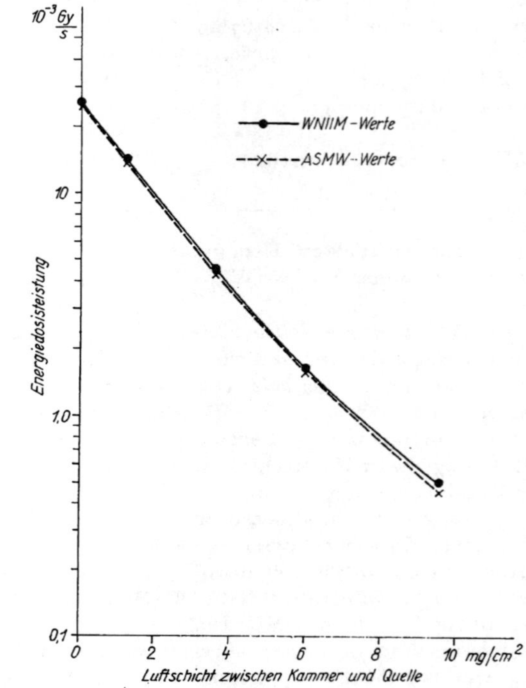

Abb. 2. Energiedosisleistungswerte für die ^{147}Pm-Quelle AEC 128 in Abhängigkeit von der Flächenmasse der Luftschicht

Tab. 4. Zusammenstellung der Ergebnisse in Abhängigkeit von den Abständen zwischen Kammer und Quelle (bezogen auf gleiche Flächenmasse der Luftschicht) und Angabe des Verhältnisses der WNIIM-Werte zu den ASMW-Werten (Bezugsdatum 30. 06. 1978)

Strahlungsquelle	Luftschicht Flächenmasse mg/cm²	geometrischer Abstand mm	Energiedosisleistung 10^{-3} Gy/s gemessen im WNIIM	ASMW	Verhältnis der im WNIIM gemessenen Werte zu den im ASMW gemessenen
AEA 049	0	0	6,06	6,20	0,98
	1,19	10	1,63	1,72	0,95
AEC 128	0	0	25,2	24,9	1,01
	1,19	10	13,9	13,8	1,01
	3,54	30	4,56	4,33	1,05
	5,97	50	1,63	1,59	1,03
	9,53	80	0,499	0,466	1,07

sichtigung evtl. vorhandener Dichteunterschiede die Angabe der geometrischen Abstände zwischen Kammer und Quelle durch die jeweils bei der Messung vorhandene Flächenmasse in mg/cm² ersetzt.

5. Meßergebnisse

In Tab. 4 sind die im WNIIM und im ASMW erhaltenen Energiedosisleistungswerte in Gy/s für die beiden ^{147}Pm-Strahlungsquellen, bezogen auf den 30. 6. 1978, in Abhängigkeit von der Flächenmasse der Luftschicht in mg/cm² sowie das Verhältnis der WNIIM-Werte zu den ASMW-Werten zusammengestellt.

In Abb. 2 sind die Energiedosisleistungswerte für die ^{147}Pm-Quelle AEC 128 in Abhängigkeit von der Flächenmasse der Luftschicht graphisch dargestellt.

Die Berechnung erfolgte nach den Beziehungen (1) bzw. (2). Die unterschiedlichen Flächenmassen der Eintrittsfensterfolien von 7,0 mg/cm² (WNIIM) und 6,6 mg/cm² (ASMW) sowie die Unterschiede von 0,5 mm für die Durchmesser der verwendeten Meßelektroden wurden durch zusätzliche Korrektionsfaktoren berücksichtigt. Die Abweichung der so erhaltenen Energiedosisleistungswerte beträgt maximal 7%, im Mittel $\pm$ 3% und liegt damit innerhalb der durch die Meßunsicherheiten der Normalmeßeinrichtungen des WNIIM und des ASMW von 7% bzw. 5% für ^{147}Pm-Betastrahlung bedingten Fehlergrenzen.

6. Schlußbetrachtungen

Das Ergebnis des Vergleichs der Normale des WNIIM und des ASMW zur Darstellung der Einheit der Energiedosis von Betastrahlung kann als zufriedenstellend betrachtet werden. Damit ist die Erweiterung des Meßbereiches der Normalmeßeinrichtungen zu niederenergetischer Betastrahlung abgesichert. Dieser Vergleich hat bestätigt, daß bei der Messung mit niederenergetischer Betastrahlung der erhebliche Einfluß der Absorption und Streuung der Strahlung unbedingt berücksichtigt werden muß.

Eingegangen am 23. 7. 1980

Literatur

[1] *K. K. Aglinzew, M. P. Kolschina, I. A. Urjajew*, Novye nauchno-issledovatelskye raboty po metrologii Nr. 2, Verlag für Standards Moskau-Leningrad 1964

[2] *K. Helmstädter, H. Rothe, H. Korn*, Isotopenpraxis **16** (1980) 393

[3] *E. Schönfeld*, Isotopenpraxis **14** (1978) 329

Gegenwärtige und zukünftige Anforderungen an die metrologischen Grundlagen der Dosimetrie aus der Sicht der Strahlentherapie

H. Hegewald

(Humboldt-Universität zu Berlin; Bereich Medizin (Charité), Geschwulstklinik, Strahlenphysikalische Abteilung)[1])

Das Spektrum der Strahlungsarten und Bestrahlungsmethoden, das gegenwärtig die Praxis der Strahlentherapie bestimmt und die hieraus resultierenden dosimetrischen Anforderungen und Probleme werden dargestellt. Ausgehend von den Trends zur Anwendung von Neutronen bzw. Protonen, Pionen und schweren Ionen wird ihre zu erwartende Bedeutung für die praktische Strahlentherapie, d. h. hinsichtlich des relativen Anteils der damit bestrahlten Patienten, diskutiert.

Die wesentlichen Diskrepanzen bei der gegenwärtigen Anwendung kalibrierter Dosimeter für Strahlungsfeldmessungen und Energiedosisbestimmungen werden dargestellt und die Aspekte der zukünftigen Festlegung von Meßgrößen und Einheiten bei den kommerziellen Dosimetern erörtert.

Keywords

calibration; dosimetry; dosemeters; radiation doses; radiations; radiotherapy

Die Hauptaufgabe der Strahlentherapie in der Krebsbehandlung besteht in der möglichst homogenen Bestrahlung des diagnostisch ermittelten Zielvolumens mit einer Tumorvernichtungsdosis unter weitestgehender Schonung der umgebenden gesunden Gewebe und Organe.

Da eine ausreichend selektive Wirkung der Strahlung auf die Tumorzellen nicht vorausgesetzt werden kann, verfolgt die Bestrahlungsplanung das Ziel, die geometrische Anpassung des Strahlungsfeldes an das Zielvolumen zu verbessern. In der Strahlentherapie werden gegenwärtig die verschiedensten Strahlenarten, Strahlungsenergien und Bestrahlungstechniken angewendet. Hieraus resultieren unterschiedliche Anforderungen an die Dosimetrie und ihre metrologischen Grundlagen.

Für oberflächliche Bestrahlungsherde begrenzter Tiefenausdehnung behält die Röntgen-Weichstrahltherapie und die Röntgen-Nahbestrahlungsmethode bis zu 60 kV Beschleunigungsspannung weiterhin ihre Bedeutung. Ähnliche Strahlungsfelder mit steilen Dosisgradienten werden mittels Elektronenstrahlung oder für begrenzte Anwendungsbereiche (Augen, Haut) mit umschlossenen Betastrahlern erzeugt. Insbesondere in Körperhöhlen wird die Kontakttherapie mit Gammastrahlungsquellen unter Anwendung von Kobalt-60, Cäsium-137 und Iridium-192 durchgeführt.

Insgesamt liegen die Oberflächendosisleistungen zwischen 0,1 und einigen 10 Gy/min. Bevorzugte Meßdetektoren sind Ionisationsflachkammern in gewebeäquivalenten Phantomen (mit der Möglichkeit der Extrapolation der Kammerwand), Extrapolationskammern oder zylindrische Sondenkammern.

In der Tiefentherapie werden die Forderungen nach geringer Haut-, Knochen- und Streustrahlungsbelastung und nach bestmöglicher Anpassung des Strahlungsfeldes an die anatomischen und topographischen Daten des Zielvolumens nur durch die Strahlungen von Telekobalt-

[1]) Anschrift: 1040 Berlin, Schumannstr. 20/21

therapieanlagen (vereinzelt Telecäsiumtherapie) sowie Elektronenbeschleunigern erfüllt. Die Röntgentherapie mit Spannungen zwischen 100 bis 300 kV wird in begrenztem Umfang nur noch ersatzweise bei solchen Bestrahlungsfällen weitergeführt, wo eine nachteilige Beeinflussung der Heilungsrate nicht zu erwarten ist.

Die Mehrzahl der strahlentherapeutischen Krebsbehandlungen in der DDR erfolgt gegenwärtig an der Akademie der Wissenschaften, an allen Universitäten und Medizinischen Akademien sowie an verschiedenen Bezirkskrankenhäusern mit insgesamt 18 Telekobalt- und 3 Telecäsiumanlagen.

Zur Erzeugung von energiereicher Elektronenstrahlung mit Energien von 5—43 MeV und ultraharter Bremsstrahlung mit 43 MV stehen 2 Betatrons zur Verfügung. Zusätzlich wurden bereits 3 Linearbeschleuniger für Elektronen- und Bremsstrahlung bis zu 10 MeV in Betrieb genommen.

Insgesamt wird sich die Tendenz verstärken, nach der sich die Anzahl der Telegammatherapieanlagen kontinuierlich verringert zugunsten der steigenden Anzahl von Linearbeschleunigern mit maximalen Beschleunigungsenergien von 10 bzw. 20 MeV. Diese Entwicklung beruht, neben technischen und sicherheitstechnischen Aspekten, auf den günstigen strahlentherapeutischen Eigenschaften der energiereichen Elektronen und ultraharten Bremsstrahlung mit der gegenüber Kobalt-60 geringeren Integraldosis. Die Integraldosis ergibt sich aus dem Produkt von Dosis und durchstrahltem Volumen bzw. Masse. Je kleiner die Integraldosis bei ausreichender Tumordosis sein kann, desto günstiger wird das Allgemeinbefinden des Patienten beeinflußt. Die relative Integraldosis für Elektronen- und Bremsstrahlung, bezogen auf die bei Telekobalt erzeugte Integraldosis, ist in Abb. 1 für verschiedene Tumorlokalisationen (bei Stehfeldbestrahlung) dargestellt [1].

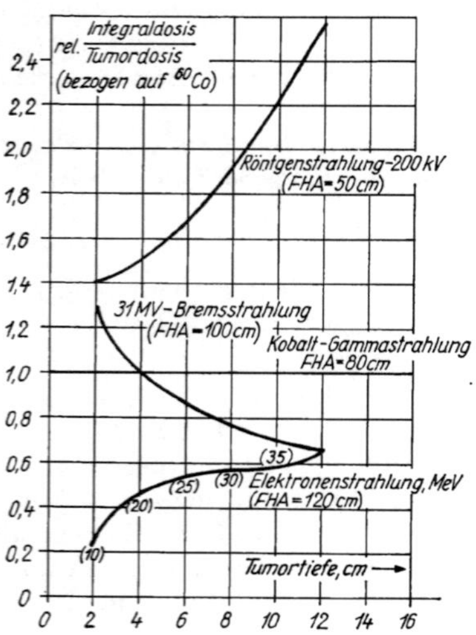

Abb. 1. Änderung der relativen Integraldosis (als Ausdruck für die unerwünschte Patientenbelastung, bezogen auf die Tumordosis) in Abhängigkeit von der Bestrahlungsherdtiefe bei verschiedenen Strahlenqualitäten im Vergleich zur Integraldosis bei der Anwendung von Kobalt-Gammastrahlung (gleich 1 gesetzt)

Die genannten Strahlungsarten: Telekobaltstrahlung, Elektronen- und ultraharte Bremsstrahlung, einschließlich konventionelle Röntgenstrahlung, haben nur geringfügig unterschiedliche relative biologische Effektivität (RBW-Faktor), d. h., die Zellen reagieren mit etwas verschiedener Strahlensensibilität. Insgesamt jedoch zeigen alle diese Strahlenarten keine prinzipiell unterschiedliche biologische Wirkung, die mit einer Elektivitätssteigerung, d. h. Erhöhung der relativen Strahlenempfindlichkeit von Tumorzellen gegenüber Normalzellen, verbunden wäre. Die Ähnlichkeit ihrer Dosis-Wirkungs-Beziehungen kommt darin zum Ausdruck, daß die Zellen und Gewebe nach Bestrahlung im unteren Dosisbereich noch ausreichende Erholungskapazität besitzen, auf deren Basis eine Reaktivierung und Repopulation im bestrahlten Gewebebereich erreicht werden kann [2, 3]. Gleichzeitig reagieren Zellen in Abhängigkeit ihrer Phase innerhalb des Mitosezyklus mit unterschiedlicher Sensibilität, und insbesondere ist die Strahlenwirkung bei geringerem intrazellulärem Sauerstoffdruck stark reduziert. Durch den Verdrängungseffekt eines Tumors wird auch nur die äußere Schicht des Tumorvolumens gut mit Sauerstoff versorgt, während im inneren sogenannte anoxische Zellen vorhanden sind, die auf Grund ihrer hohen Strahlenresistenz überleben. Durch Abbau der inaktivierten Tumorzellen werden innerhalb der fraktionierten Strahlentherapie die zunächst anoxisc henZellen in vielen Fällen wieder reoxygeniert, d. h. mit Sauerstoff versorgt und damit strahlensensibel. In den Fällen jedoch, wo keine oder eine unzureichende Reoxygenierung einsetzt, muß mit einem Mißerfolg der Strahlentherapie gerechnet werden [4].

Das ist der Ansatzpunkt für die Einbeziehung solcher Strahlenarten, die auf Grund ihrer hohen bzw. variablen linearen Energieübertragung (LET) eine exponentielle Dosis-Wirkungs-Beziehung aufweisen, d. h. die Erholungsfähigkeit bestrahlter Zellen ausschalten und anoxische bzw. oxische Zellen in gleicher Weise inaktivieren [5]. Hierzu gehören Neutronen, Protonen, Pi-Mesonen und schwere Ionen, für die in Pilotstudien der Nachweis der höheren Tumorvernichtungsrate erbracht wurde. Je geringer der Sauerstoffeinfluß ist, desto günstiger sind die Voraussetzungen für die Vernichtung des Primärtumors. In Abb. 2 ist der sogenannte Sauerstoffverstärkungsfaktor OER (der Strahlenempfindlichkeit) in Abhängigkeit von der LET der Strahlung aufgetragen. Man erkennt, daß die Strahlung hoher LET nochmals in 2 Gruppen aufgeteilt werden muß. Während die Neutronenbestrahlung mit konstanter LET einen günstigen niedrigen OER-Faktor für den Tumorbereich aufweist, wird durch den Verlust an Erholungskapazität im gleichfalls bestrahlten Normalgewebebereich die Therapiemöglichkeit begrenzt. Die anderen schweren Teilchen haben dagegen den Vorteil, daß sie zunächst beim Durchdringen der oberflächlichen normalen Gewebebereiche bis zur Tumortiefe mit relativ niedriger LET die Erholungskapazität geringer beeinflussen und dagegen bei richtiger Energiewahl mit ihrem *Bragg*-Peak im

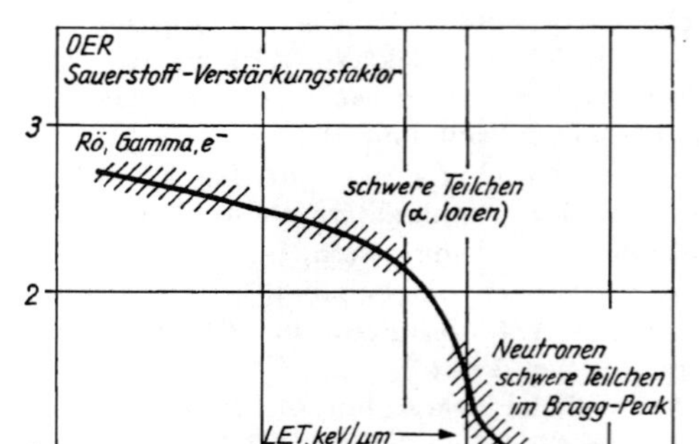

Abb. 2. Bereiche des Sauerstoffverstärkungsfaktors (OER) für verschiedene Strahlenarten in Abhängigkeit von ihrer mittleren LET

Tumorbereich ebenfalls einen kleinen OER-Faktor erreichen.

Für die Praxis der Strahlentherapie ist diese Darstellung zwar etwas vereinfacht, aber im Prinzip gültig. Trotzdem muß man aus heutiger Sicht erkennen, daß der technisch-physikalische Aufwand für die Anwendung schwerer Teilchen in der Strahlentherapie so hoch ist, daß die Anwendung auf einige Hochenergiezentren beschränkt bleiben wird. Anders ist die Neutronenstrahlung einzuschätzen. In der DDR erfolgen bisher Bestrahlungsserien am Zyklotron der Akademie der Wissenschaften. Daneben wurden in verschiedenen Ländern Beschleuniger entwickelt, die mit geringerem Aufwand (bei allerdings hohen Betriebskosten) geeignete Neutronenstrahlung erzeugen. Wegen der genannten Einschränkungen ist jedoch unseres Erachtens in den nächsten 5 Jahren nicht mit einem sprunghaften Ansteigen der Neutronentherapie zu rechnen.

Damit bleibt in naher Zukunft in der Praxis der Strahlentherapie die Gruppe der Strahlungen niedriger LET bestimmend, für die auch die metrologischen Grundlagen vorhanden sind oder weiter ausgebaut werden müssen.

Mit der Ablösung der bisherigen Einheiten für die Messung ionisierender Strahlung durch SI-Einheiten ergeben sich erneut Ansatzpunkte für die Diskussion der Bezugsgrößen und der bei den Dosimetern anzugebenden Einheiten. Wir wollen im Folgenden einige Punkte streifen:

1. *Zur Wahl der Einheit und des Bezugsmediums bei der Dosimeterkalibierung*

Die Dosimetrie in der Strahlentherapie umfaßt:

a) die Strahlungsfeldmessung (frei Luft), die zur Charakterisierung der Strahlungsquellen erforderlich und zum Teil Grundlage rechnerischer Methoden für die Energiedosisbestimmung ist.

b) Die Ermittlung der Energiedosis und ihrer Verteilung im bestrahlten Objekt.

Das Hauptziel in der Strahlentherapie ist die Bestimmung der Energiedosis im Weichteilgewebe oder ersatzweise im Wasser. Darüber hinaus muß die Energiedosis auch in anderen Gewebearten, z. B. Knochen, bestimmt werden. Bisher muß also aus der Ionisationsmessung in Luft die Zielgröße Energiedosis in Gewebe erst berechnet werden.

Da aus 10% Änderung der Dosiswerte merklich große Änderungen des biologischen Effektes resultieren, muß die Dosisreproduzierbarkeit innerhalb 2% liegen, und die Gesamtunsicherheit sollte 5% nicht überschreiten.

Für die Photonenstrahlung bis 3 MeV gab es bisher keine Probleme. Definierte Größen und Einheiten sind gesetzlich fixiert. Oberhalb 3 MeV und für Elektronenstrahlung gibt es international diese Qualität der metrologischen Grundlagen noch nicht. Ex existieren internationale Empfehlungen (z. B. ICRU-Report 14 und 21) und begründete Meßmethoden, nach denen hierfür die Energiedosis ermittelt wird.

Bei der Ionisationsdosimetrie existieren für den Röntgenbereich Primärnormale als Freiluft-Ionisationskammern, und durch die Bezugsgröße „Luft“ werden die Begriffe „Energieabhängigkeit“ bzw. „Luftäquivalenz“ definiert. Entsprechend den Eigenschaften der Wechselwirkung von Strahlung oberhalb 0,6 MeV wird in der Praxis der Begriff „Gewebeäquivalenz“ benutzt und mit der Bezugsgröße „Wasser“ verknüpft. Für gewebeäquivalente Relativmeßverfahren, wie die Festkörperdosimetrie mit Thermolumineszenz- und Halbleiterdetektoren einschließlich des chemischen Dosimeters, entfällt z. B. die energieabhängige Korrektur des Dichteeffektes bei Elektronenstrahlung. Damit wird die Energiedosisbestimmung gegenüber gasgefüllten Detektoren verbessert. Allerdings sind die Festkörperdosimetriemethoden schlecht eichfähig (abgesehen vom chemischen Dosimeter, das wieder nur ungünstige Dosisbereiche erfaßt), so daß für absolute Dosismessungen und Ermittlungen der Energieabhängigkeit der Detektoranzeige häufig auf die Ionisationsdosimetrie bezogen werden muß.

Aus diesen Gründen und weil alle Umrechnungstabellen für die Energiedosisermittlung bisher auf die für Luft definierte Größe (z. B. Exposition) bezogen sind, ergab sich in einer ersten Diskussion der klinischen Strahlenphysiker in der DDR die Auffassung, daß die Dosimeter einheitlich die Einheit „Gray“, bezogen auf die Energiedosis in Luft, angeben sollten. Damit wäre im Gegensatz zur bisherigen Verfahrensweise die Strahlungsfeldmessung und Energiedosisermittlung aus der Energiedosis in Luft abzuleiten.

Gegen diese generelle Beibehaltung der Forderung nach luftäquivalenter Kammer spricht allerdings die Tatsache, daß in der modernen Strahlentherapie (also abgesehen von der konventionellen Röntgentherapie) ausschließlich die Methode der Hohlraummessung (*Bragg-Gray*-Prinzip) von Interesse ist. Mit einer gewebeäquivalenten Kammerwand würden die Diskrepanzen der C_E- bzw. C_λ-Werte für die Energiedosisermittlung vermindert werden. In Abb. 3 ist dargestellt, welche widersprüchlichen Annahmen gegenwärtig über die Kammerwandeigenschaften der Ionisationskammern gemacht werden, wenn von der Elektronengleichgewichtsmessung auf die Hohlraummessung übergegangen wird [6]. Theoretisch erfaßbare Korrekturen sind natürlich möglich und wurden in der Literatur bereits diskutiert. Von *Reich* wurde angeregt, für Röntgenstrahlen unterhalb 0,6 MeV die Bezugsgröße Exposition, wie sie durch die Primärnormale bestimmt wird, beizuhalten, aber oberhalb 0,6 MeV für die Gebrauchsdosimeter die Exposition durch die „Energiedosis in Wasser“ abzulösen. Da hierbei die Absolutmeßmethode für die Energiedosis in dem betrachteten Energiebereich ausschlaggebend ist, muß sich die Diskussion hieran orientieren.

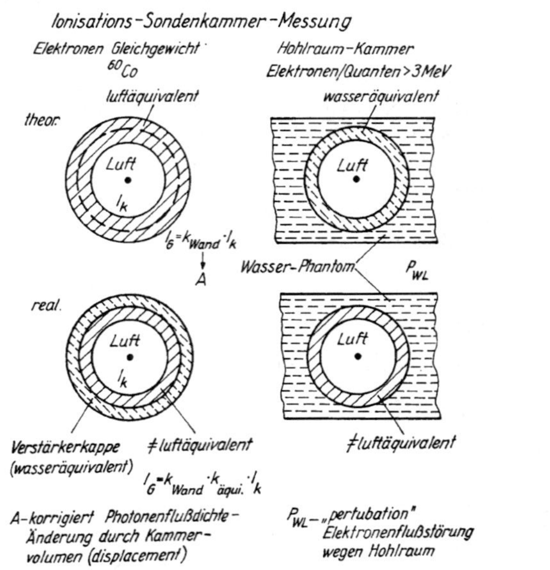

Abb. 3. Schema der unterschiedlichen theoretischen Voraussetzung bei der Kalibrierung einer Ionisationskammer als Elektronen-Gleichgewichtskammer und Anwendung als Hohlraumkammer

Im Vergleich hierzu die realen Wandmaterialkomponenten, durch die entsprechende Korrekturen der Konversionsfaktoren erforderlich werden

2. *Zur Anwendung der „frei Luft" kalibrierten Ionisationskammern*

Weiterhin bleiben die Diskrepanzen bestehen, daß die amtliche Prüfung bzw. Kalibrierung der kommerziellen Dosimeter des Anwenders frei Luft durchgeführt wird, während die Energiedosismessung im Wasserphantom erfolgt. Die angezeigte Dosis der Ionisationskammer ist (abhängig vom Photonenspektrum und vom Phantommaterial) größer oder kleiner als die bei der Kalibrierung zugrunde gelegte Exposition, je nachdem, ob der Einfluß von Absorption in der Kammerwand oder der Streueinfluß überwiegen.

3. *Zur gesetzlich vorgeschriebenen Kalibierung von Gebrauchsdosimetern*

Nach unseren Informationen wird innerhalb der gesetzlichen Grundlagen vom ASMW in Zukunft darauf orientiert, daß kommerzielle Geräte auf Einhaltung ihrer angegebenen Toleranzgrenzen amtlich geprüft werden und damit ihr Einsatz im Bereich der Unsicherheit der vorgegebenen Toleranzgrenzen erfolgen kann.

Wir halten diese Regelung im Normalfall auch für die Anwender für sinnvoll. Da Kammerfaktoren für bestimmte, evtl. vom Anwender vorgegebene Strahlungsbedingungen (Spannung, Filterung, Halbwertsschicht usw.) mit größerer Genauigkeit ermittelt werden können, als sie sich auf Grund der garantierten Hersteller-Toleranzgrenzen ergeben, sind wir unabhängig von der genannten Regelung der Auffassung, daß für spezielle Aufgaben die Genauigkeitsgrenzen, wie sie sich durch die Normalmeßeinrichtung bei der Kalibrierung ergeben, auch dem Anwender auf Anforderung weiterhin mitgeteilt werden sollten.

Das ist besonders dann wichtig, wenn z. B. beim Betreiben von 3 Telekobalt- und 2 Beschleunigeranlagen, neben Röntgentiefentherapieanlagen und Einrichtungen für die Kontakttherapie, etwa zehn klinische Dosimeter ständig im Einsatz sind.

In solchen Fällen würden wir es begrüßen, wenn die gesetzliche Eichpflicht so praktiziert werden könnte, daß nicht jedes Dosimeter vom ASMW im zweijährigen Turnus geprüft werden muß, sondern daß jede Institution für die Durchführung der Strahlentherapie im Besitz eines amtlich geprüften Dosimeters (mit höherer Genauigkeit) sein muß, mit dem die Übertragung der Eichwerte auf die anderen Gebrauchsdosimeter erfolgen kann.

Eingegangen am 23. 7. 1980

Literatur

[1] *R. Wideröe*, GSF-Bericht K 75, Mai 1973 (Gesellschaft für Strahlen- und Umweltforschung München)
[2] *J. F. Fowler*, J. Canadian. Ass. Radiologist 26 (1975) 40
[3] *T. Alper*, Brit. J. Radiol. 50 (1977) 459
[4] *L. M. van Putten*, Strahlentherapie 153 (1977) 380
[5] *M. R. Raju* u. a., Brit. J. Radiol. 51 (1978) 699
[6] *H. Hegewald*, Radiobiol. Radiother., im Druck

Erfahrungen bei der Kalibrierung von Ionisationskammern im Wasserphantom

J. Hizó, K. Zsdánszky

(Staatliches Amt für Meßwesen (OMH) Budapest) [1])

I. Nikl

(Staatliches Forschungsinstitut „Frederic Joliot-Curie" für Strahlenbiologie und Strahlenhygiene (OSSKI) Budapest) [2])

Es wurde die Konversion der Einheit der Exposition in die der Energiedosis in Wasser mit 6 verschiedenen Ionisationskammern für Röntgenstrahlung im Bereich der Halbwertsschicht (HWS) von 0,5 bis 2,5 mm Kupfer untersucht. Die Kammern sind für die Messung der Exposition in der klinischen Dosimetrie vorgesehen und zeigen alle eine geringe Energieabhängigkeit bei der Messung dieser Größe. Sie wurden bei denselben Strahlungsqualitäten frei Luft kalibriert. Wenn man mit der bekannten Methode die Konversion in die Energiedosis in Wasser durchführt, ergeben sich Differenzen bis zu 7,5%. Zur Zeit gibt es keine anerkannten experimentellen Grundlagen für die Kalibrierung von Ionisationskammern im Wasserphantom, auf Grund derer sich an Hand der vorliegenden Meßergebnisse eine für die Umwandlung geeignete Kammer auswählen ließe.

Keywords

calibration; ionization chambers; phantoms; radiation doses; water; X radiation

1. Einführung

Die Messung der Photonendosis in der Strahlentherapie ist wegen praktischer Schwierigkeiten in den meisten Fällen nicht direkt in dem zu bestrahlenden Medium durchzuführen. Deswegen wird schon seit vielen Jahren die indirekte Methode angewendet, wobei die Energiedosis in einem das Medium ersetzenden Wasserphantom bestimmt wird. Obwohl diese Vereinfachung die meßtechnischen Schwierigkeiten wesentlich verkleinert, gibt es zur Zeit keine Gebrauchsdosimeter für die klinische Praxis, die in der Einheit der Energiedosis kalibriert sind. Statt dessen stehen heute nur in der Einheit der Exposition kalibrierte Dosimeter zur Verfügung. Mit diesen mißt man im Wasser in einer kleinen Umgebung des Kammermittelpunktes die Exposition und berechnet mit einem geeigneten Konversionsfaktor die Energiedosis.

In einer grundsätzlichen ausführlichen Arbeit haben *Will* und *Rakow* schon 1971 nach experimentellen Untersuchungen festgestellt, daß bei der Anwendung der er-

Anschriften: [1]) UVR – Budapest XII, Nemetvölgyi út 37–39; [2]) UVR – Budapest XXII, Budafok, Penz K. 5

wähnten Methode mit verschiedenen kommerziell gefertigten Ionisationskammern trotz vorheriger Eichung für die entsprechende Strahlenqualität der Primärstrahlung frei in Luft Abweichungen der mit den verschiedenen Kammern erhaltenen Meßwerte von 15% und mehr auftreten können [1].

Zwei Jahre später wurde von der „International Commission on Radiation Units and Measurements" (ICRU) eine einheitliche Meßmethode, die im ICRU-Report 23 beschrieben ist, empfohlen [2]. Zum Unterschied von den vorher verwendeten Meßverfahren sind hier als Vorbedingungen vor allem drei Haupteigenschaften für Ionisationskammern festgelegt, die die Verwendung einer Reihe der früher verwendeten Therapie-Ionisationskammern zur Bestimmung der Energiedosis in Wasser ausschließen.

Entsprechend der ICRU-Empfehlung wurde die Übereinstimmung der Konversion der Einheit der Exposition in die der Energiedosis in Wasser mit fünf verschiedenen Übertragungskammern für Röntgenstrahlung im Bereich von 0,5 bis 2,5 mm Cu HWD untersucht.

2. Vorbedingungen und Messungen

Ionisationskammern, die zur Bestimmung der Energiedosis in Wasser geeignet sind, müssen nach der ICRU-Empfehlung folgende Hauptbedingungen erfüllen [2]:

1) Die Kammer soll möglichst klein sein, da das Ziel die Messung der Exposition in einer kleinen Umgebung eines Punktes ist. Günstig ist ein innerer Durchmesser von etwa 5 mm und eine Länge von ungefähr 15 mm. Das Doppelte dieser Werte sollte nicht überschritten werden.
2) Die Kammerempfindlichkeit soll so weit wie möglich unabhängig von der Strahlenenergie sein. Durch geeignete Wahl der Kammermaterialien soll effektive Luftäquivalenz erreicht werden, d. h., zumindest im Bereich von Röntgenstrahlung der Röhrenspannungen 100 kV bis 300 kV soll die Änderung der Empfindlichkeit (z. B. C/C kg^{-1}) 5% nicht überschreiten.
3) Die Kammerwand sollte so stark sein, daß der Einfluß der Sekundärelektronen, die außerhalb der Kammer ententstehen, für die Ionisation innerhalb der Kammer vernachlässigbar ist.

Für Röntgenstrahlung mit Anregungsspannungen zwischen 150 kV und 10 MV wird bei Messungen im Wasserphantom eine Tiefe von 5 cm empfohlen. Die angegebenen Konversionsfaktoren entsprechen einer Feldgröße von 10 cm × 10 cm.

Die Eigenschaften der verwendeten Kammern sind zum Vergleich mit den erwähnten Vorbedingungen in Tabelle 1 angegeben.

Tab. 2. Aufstellung der benutzten Strahlungsqualitäten

Qualitätsnummer	Erzeugungsspannung kV	Zusatzfilterung* mm	Halbwertsdicke mm
1	100	1 Al	4 Al (0,15 Cu)
2	135	0,1 Cu + 1 Al	0,5 Cu
3	180	0,35 Cu + 1 Al	1,0 Cu
4	250	1,55 Cu + 1 Al	2,5 Cu

*) Die Öl- und Plexiglas-Eigenfilterung der Röntgenanlage entspricht 4 mm Al-Filterung.

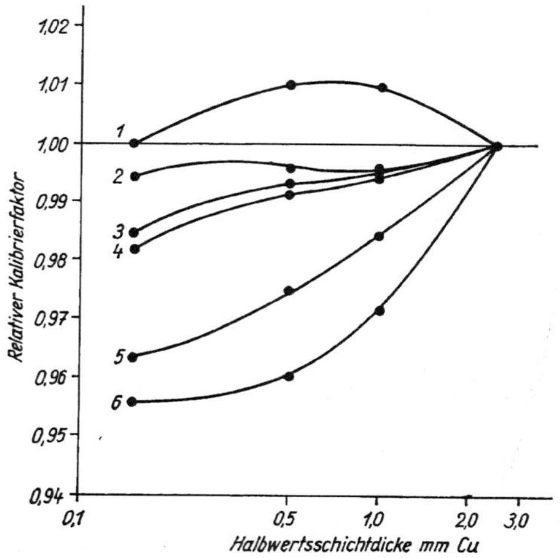

Abb. 1. Energieabhängigkeit der verwendeten Ionisationskammern; Kammerfaktor auf Strahlungsqualität Nr. 4 normiert (Tab. 2)

Die Kammer K-2 wurde als Transferkammer bei einer internationalen Vergleichsmessung der Primärstandards verwendet. Sie ist direkt an die OMH-Primärstandard-Kammer und weiterhin an das National Physical Laboratory und das Bureau International des Poids et Mesures angeschlossen. Die Abweichungen der Kalibrierfaktoren lagen innerhalb 0,5% [3].

Tab. 1. Aufstellung der benutzten Ionisationskammern

Kammernummer	Innerer Durchmesser mm	Wandstärke mm	Nominelles Volumen cm^3	Kammermaterial
1 3	6,25	0,38	0,6	Wand: Graphit Innere Elektr.: Aluminium
4	7,35	0,5	0,325	Wand: Graphit Innere Elektr.: Aluminium
6	6,25	0,38	0,6	Wand: Nylon Innere Elektr.: Aluminium
5	9	0,75	1,1	luftäquivalent
2	9	0,5	0,38	luftäquivalent

Die in Tab. 1 zusammengestellten fünf kommerziellen Kammern wurden mit der Kammer K-2 mit der Substitutionsmethode bei den gleichen Strahlenqualitäten kalibriert, d. h. indirekt an die OMH-Freiluftkammer angeschlossen. Die verwendeten Strahlenqualitäten finden sich in Tab. 2. Obwohl im ICRU-Report 23 die Messung in 5 cm Wassertiefe erst ab 150 kV empfohlen wird, wurden die Messungen wegen der 2. Hauptbedingung und wegen der Untersuchung der Tendenz der Abweichungen der Energiedosis ab 100 kV durchgeführt.

Die Messungen wurden in 70 cm Fokusabstand und in einem ausgeblendeten Strahlenbündel mit $\varnothing = 10$ cm vorgenommen. Zum Vergleich der Energieabhängigkeit der Kalibrierfaktoren der verwendeten Ionisationskammern mit der 2. Hauptbedingung sind die Kammerfaktoren auf Strahlenqualität Nr. 4 (siehe Tab. 2) normiert und in Abb. 1 angegeben.

Die Messungen in einem 30 cm × 30 cm × 20 cm Wasserphantom wurden bei denselben Bestrahlungsbedingungen durchgeführt.

3. Ergebnisse

Die Energiedosis erhält man aus der mit der Kammer im Wasserphantom gemessenen Ladung nach folgender Beziehung:

$$D = kNFQ$$

wobei D die Enegiedosis in Gy
k ein Luftdichte-Korrektionsfaktor
N der Kalibrierfaktor in C kg^{-1}/C
F der Konversionsfaktor in Gy/C kg^{-1} und
Q die gemessene Ladung in C

ist.

Die Vergleichbarkeit der auf diese Weise erhaltenen Dosiswerte bei einer gegebenen Strahlenqualität wurde durch Verwendung einer Monitorkammer gewährleistet, d. h., die Dosis- bzw. Ladungswerte wurden jeweils auf die Monitoranzeige bezogen. Für jede Strahlenqualität wurde der Mittelwert $\bar{D}$ bestimmt. In Abb. 2 sind die auf diesen Mittelwert bezogenen und dadurch vom Konversionsfaktor unabhängigen Dosiswerte ($D_{rel} = D/\bar{D}$) dargestellt. Die Reproduzierbarkeit dieser Werte war besser als $\pm 0{,}2\%$.

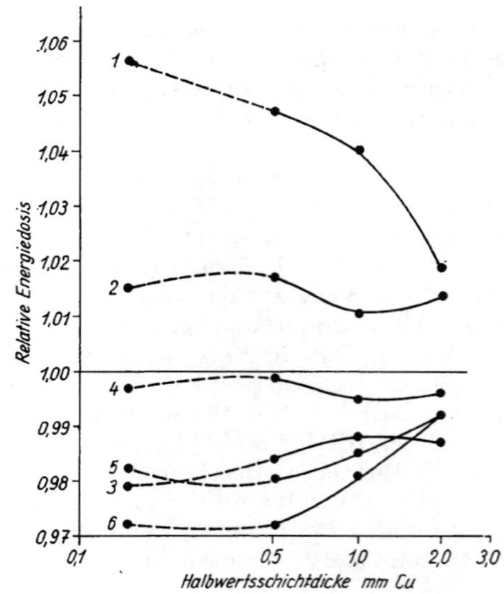

Abb. 2. Im Wasserphantom mit den verwendeten Ionisationskammern für die unterschiedlichen Strahlungsqualitäten ermittelte Energiedosiswerte D_{rd}

4. Schlußfolgerungen

Aufgrund der experimentellen Ergebnisse kann man feststellen, daß trotz Einhaltung der im ICRU-Report 23 geforderten Vorbedingungen für die Kalibrierung im Wasserphantom Abweichungen im Röntgenstrahlenbereich von 0,5 bis 2,5 mm Cu HWD auftreten, die für metrologische Zwecke nicht zulässig sind. Welche der Kammern als Übertragungskammer geeignet ist, sollte nach einer Primärmethode entschieden werden.

Eingegangen am 23. 7. 1980

Literatur

[1] *W. Will, A. Rakow,* Strahlentherapie 128 (1965) 532
[2] ICRU-Report 23, Measurement of Absorbed Dose in a Phantom Irradiated by a Single Beam of X or Gamma Rays, Washington 173
[3] Bericht über die 4. Sitzung des Comité Consultatif pour les Étalons de Mesure des Rayonnements Ionisants, Section I — Rayons X et γ, Électrons, Paris und Washington 1977

Bedeutung von Dosis- und Aktivitätsmessungen für den Strahlenschutz und daraus resultierende Anforderungen an die metrologischen Grundlagen

D. Herrmann, W. Kraus

(Staatliches Amt für Atomsicherheit und Strahlenschutz der DDR) [1]

Eine Übersicht über die Meßaufgaben im Strahlenschutz zeigt, daß nur bei bestimmten, „rechtserheblichen" Messungen nennenswerte Genauigkeitsanforderungen gestellt werden müssen. Demgegenüber bestehen sehr hohe Anforderungen an die Vielfalt der metrologischen Grundlagen, die für die Absicherung aller Dosis- und Fluenz- sowie Aktivitäts- und Quellstärkemessungen im Stahlenschutz in Kernanlagen, bei der medizinischen und industriellen Strahlenanwendung sowie im nuklearen Umweltschutz benötigt werden. Die Anforderungen an die Referenznormale zum Anschluß der Arbeitsmeßmittel hinsichtlich Strahlenarten, -energien, Meßbereichen und zulässigen Meßunsicherheiten werden daraus abgeleitet. Abschließend werden kurz einige für die Strahlenschutzdosimetrie äußerer Strahlung grundlegende metrologische Probleme erörtert.

Keywords

calibration; dosimetry; legal aspects; radiation doses; radiation protection; radioactivity

1. Meßgrößen und Meßaufgaben im Strahlenschutz

Alle Strahlenschutzmessungen dienen letztlich dem Ziel, die Strahlenbelastung des Menschen zu ermitteln bzw. zu überwachen. Abb. 1 zeigt eine grobe Unterteilung der Strahlenschutzmessungen nach der Meßaufgabe und der Meßgröße. Um von der Meßgröße auf die Strahlenbelastung in allen wichtigen Organen schließen zu können, sind zahlreiche Einflußfaktoren zu berücksichtigen, die meistens nicht oder nur sehr unvollkommen bekannt sind. Abb. 2 zeigt einige dieser Einflußfaktoren für die innere Strahlenbelastung. Es leuchtet ohne weiteres ein, daß die tatsächliche Strahlenbelastung oft nur mit einem Fehler bestimmbar ist, der bis zu einer Größenordnung betragen kann. Aber auch im scheinbar übersichtlicheren Fall der äußeren Bestrahlung (Abb. 3) kann die tatsächliche Strahlenbelastung um einen Faktor 3 – 5 von der Meßgröße abweichen. Dies sei anhand von Abb. 4 demonstriert, in der nach Berechnungen von *Kramer* [1] die effektive Äquivalentdosis als die die Strahlenbelastung in den wichtigsten Organen berücksichtigende Größe in Abhängigkeit von der Photonenenergie für verschiedene einfache Strahlenfelder (frontal, dorsal oder rotationssymmetrisch einfallendes Parallel-Strahlenfeld) dargestellt ist.

Meßaufgabe	Meßgröße
a) Äußere Strahlenbelastung	
• Ortsdosimetrie	Dosisleistung, Flußdichte (Expositions-, Energie-, Äquivalent-Dosisleistung)
• Personendosimetrie	Dosis, Fluenz (Äquivalent-, Energiedosis)
b) Innere Strahlenbelastung	
Kontaminationsmessung an:	
• Oberflächen	Flächen- Aktivitäts konzentration
• Luft	Volumen- Aktivitäts konzentration
• Wasser, Umweltmedien	Massen- Aktivitäts konzentration
Inkorporationsmessung durch:	
• Direktmessung	Aktivität (im Ganz- oder Teilkörper)
• Ausscheidungsanalyse	Aktivitätskonzentration

Abb. 1. Meßaufgaben und Meßgrößen im Strahlenschutz

- Radioaktiver Stoff (Nuklid: Strahlenart, $T_{1/2}$, E; chemische Verbindung)
- Übergang von Oberflächenkontaminationen in die Luft, örtliche Schwankungen der Luftkontamination)
- Inhalation der Aktivität (Atemminutenvolumen)
- Zeitpunkt der Inkorporation (bezogen auf den Meßzeitpunkt)
- Ablagerung in verschiedenen Lungenabschnitten (Gase, Partikeldurchmesser)
- Übergang in den Blutkreislauf, Ablagerung der Aktivität in Organen und Ausscheidung (Stoffwechselvorgänge, abhängig vom Individuum)

Abb. 2. Einflußfaktoren (bei innerer Strahlenbelastung)

- Strahlenart
- Energieverteilung der Strahlung
- zeitliche und örtliche Schwankungen der Dosisleistung
- Richtungsverteilung der Strahlung (bezogen auf die sich im Strahlenfeld bewegende Person)
- Individuelle Körperform und Lage der Organe

Abb. 3. Einflußfaktoren (bei äußerer Strahlenbelastung)

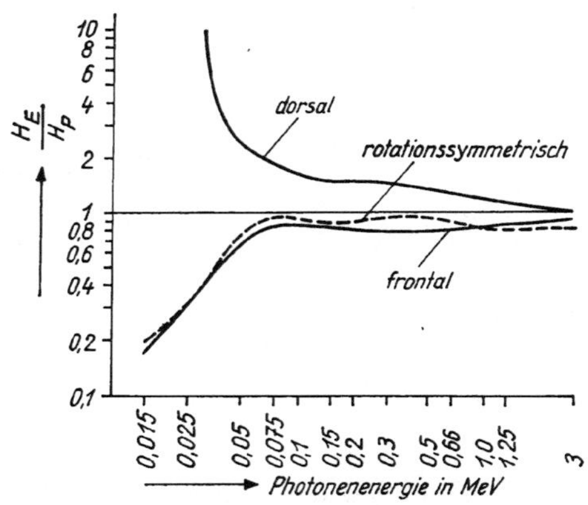

Abb. 4. Verhältnis der effektiven Äquivalentdosis (ICRP-26) H_E zur vom Personendosimeter gemessenen Äquivalentdosis an der Brust H_p für drei verschiedene Einfallsrichtungen eines Parallelfeldes nach *Kramer* (1979)

Daraus darf nun aber nicht der Schluß gezogen werden, daß seitens des Strahlenschutzes die Anforderungen an die Metrologie gering sind. Ortsdosismessungen sind nämlich häufig rechtserheblich, d. h., es muß die Einhaltung oder Überschreitung gesetzlich festgelegter „abgeleiteter Grenz-

[1]) Anschrift: 1157 Berlin, Waldowallee 117

werte" (im Engl. „Derived Working Limits") kontrolliert werden. Besonders wichtig ist dies im internationalen Verkehr. Beispiele sind zulässige Expositionsdosisleistungen in bestimmten Abständen von der Oberfläche von Transportcontainern bzw. genehigungsfrei zu betreibenden Strahlungseinrichtungen sowie an Arbeitsplätzen beruflich strahlenexponierter Personen bzw. an Aufenthaltsorten sonstiger Personen. Die am Personendosimeter abgelesene Dosis erlaubt es häufig, nach Kenntnis der Bestrahlungsumstände (etwa nach Rekonstruktion eines Unfalls) die Strahlenbelastung mit einem Fehler von nicht mehr als $\pm 10\%$ zu ermitteln, eine für eventuell abzuleitende medizinische Maßnahmen wichtige Voraussetzung. Bei niedrigen Personendosen läßt sich die mittlere Dosis größerer Personengruppen und damit die Kollektivdosis nur so genau bestimmen, wie der systematische Fehler des Personendosimeters dies zuläßt. Auch bei der Überwachung der inneren Strahlenbelastung sind viele Messungen rechtserheblich, z. B. Oberflächenkontaminationsmessungen wegen der Freigabe von Arbeitsplätzen oder dekontaminierten Gegenständen, sowie viele Messungen der Aktivität in Proben (Ausscheidungsanalyse, Umweltüberwachung). Im Falle von Inkorporationen sind häufig die wesentlichen Einflußfaktoren gut bekannt, vor allem bei außergewöhnlichen Ereignissen, und die Genauigkeit der Bestimmung der Strahlenbelastung hängt dann hauptsächlich von der der Aktivitätsbestimmung ab. Diese Überlegungen machen deutlich, daß aus der Sicht des Strahlenschutzes eine Reihe differenzierter Forderungen an die Metrologie zu stellen sind.

2. Forderungen an die metrologischen Grundlagen von seiten des Strahlenschutzes

Die Anforderungen an die Aktivitätsmessung beziehen sich in erster Linie auf die Verfügbarkeit geeichter Punkt- und Flächenquellen ausgewählter Gamma-, Beta- und Alphastrahler (s. Abb. 5). Die entsprechenden Relativ-Meßmethoden sollten eine Genauigkeit von etwa $\pm 5\%$ besitzen.

Aktivität und Quellstärke als Meßgrößen

Normal-Gasproben (Spaltedelgase)		
Normallösungen für α-, β-, γ Spektrometrie		
Normalquellen („punktförmig")	^{60}Co, ^{137}Cs, ^{226}Ra	10 kBq ... 100 GBq
Normalquellen (Flächen)	^{14}C, ^{147}Pm, ^{204}Tl ^{90}Sr/^{90}Y, ^{239}Pu	0,5 kBq/m^2 ... 0,5 GBq/m^2
Anschlußverfahren für n-Quellen	Pu/Be, Am/Be, Ra/Be, ^{252}Cf	10^4 ... $5 \cdot 10^8$ s^{-1}

Abb. 5. Forderungen an die metrologischen Grundlagen

Methoden zur Absolutmessung der Aktivität mit 2 ... 5% Genauigkeit werden zur Herstellung von Normallösungen z. B. für die α-, β- und γ-Spektrometrie benötigt. Solche Normallösungen sind für alle Anwender offener radioaktiver Stoffe von Bedeutung; der Strahlenschutz stellt hier keine zusätzlichen Forderungen. Normalproben von Spaltedelgasen werden benötigt, um die in Kernanlagen vorhandenen Meßeinrichtungen zur Raumluft- und Abluftüberwachung auf gasförmige Aktivität entsprechend kalibrieren zu können.

Zur Absicherung der Neutronenmeßtechnik im Strahlenschutz — ein wichtiger Punkt der Havarieabsicherung — werden Relativmethoden zur Bestimmung der Neutronen-Quellstärke gefordert. Der Gesamtfehler darf dabei $\pm 10\%$ betragen.

Dosis und Dosisleistung, Fluenz und Flußdichte, Eichverfahren für folgende Fälle sind erforderlich:

Strahlung	Energiebereich	Meßbereich
Rö, γ	10 keV ... 10 MeV	bis 10 Gy/h (10^4 rd/h)
β	0,1 ... 4 MeV	bis 30 Gy/h ($3 \cdot 10^4$ rd/h)
n_s	0,2 ... 14 MeV	bis 10^8 cm^{-2} s^{-1}
n_{th}	therm. Energie	bis 10^4 cm^{-2} s^{-1}

Abb. 6. Forderungen an die metrologischen Grundlagen

Der Schwerpunkt der Forderungen des Strahlenschutzes liegt auf Normalmeßverfahren für Dosis und Dosisleitung (s. Abb. 6). Insbesondere beziehen wir uns hier auf diejenigen Sekundär- oder Referenznormale, an die die Arbeitsmeßmittel des Strahlenschutzes, z. B. Dosisleistungsmeßgeräte, unmittelbar angeschlossen werden. Die anzustrebende Meßgröße ist dabei die Energiedosis in weichem Gewebe, was im Punkt 3.2. näher diskutiert wird. Der breite Energiebereich ist bei niedrigen Energien durch das Auftreten energiearmer Röntgen-Bremsstrahlung z. B. in den verschiedenen Zweigen der Elektronenstrahltechnik bestimmt. Für die obere Energiegrenze bei 10 MeV sind die in Kernkraftwerken auftretenden γ-Linien kurzlebiger Aktivierungsprodukte ausschlaggebend. Der Dosisleistungsmeßbereich sollte nach oben hin bis 10 Gy/h (10^4 rd/h) erweitert werden, um die im Havariefall für Fernmessungen benötigte Meßtechnik sicher anschließen zu können. Es muß betont werden, daß diese Forderungen noch nicht die Bedürfnisse der Anwender bestimmter Strahlenquellen berücksichtigen, etwa die Forderungen der klinischen Dosimetrie an Betatrons oder der technologischen Dosimetrie an Strahlen-Sterilisationsanlagen. Darauf soll im Rahmen dieses Vortrages nicht eingegangen werden. Die Genauigkeitsanforderungen an die Normalmeßverfahren liegen bei $\pm 2\%$ für 0,1... 2 MeV und können $\pm 5\%$ betragen bei sehr niedrigen bzw. sehr hohen Energien.

Für die Eichung von Beta-Dosisleistungsmessern werden Meßverfahren im Energiebereich 0,1 ... 4 MeV benötigt, deren Meßunsicherheit $\pm 10\%$ betragen kann. Der Dosisleistungsbereich sollte sich bis 30 Gy/h ($3 \cdot 10^4$ rd/h) erstrecken.

Für Neutronen erscheint es nicht sinnvoll, Normalmeßverfahren der Dosis oder Dosisleistung zu fordern. Dies wird in Pkt. 3.3 näher begründet. Es sollten jedoch Eichmöglichkeiten für Flußdichte- bzw. Fluenzdetektoren bestehen, und zwar getrennt für thermische und für schnelle Neutronen (vgl. Abb. 6). Eine Meßgenauigkeit von $\pm 10\%$ wäre hier ausreichend.

Außer den genannten qualitativen Parametern sollten die Normatmeßverfahren auch bestimmte Mindestforderungen in praktischer Hinsicht erfüllen. Dazu gehören z. B. Automatisierungsgrad und geringer Zeitaufwand je Messung. Solche „nicht-metrologischen" Parameter bestimmen erfahrungsgemäß in hohem Maße die praktische Verfügbarkeit der Landesnormale für den Nutzer.

3. Einige spezielle Probleme der Metrologie ionisierender Strahlung aus der Sicht des Strahlenschutzes

3.1. *Photonen-Referenzstrahlung*

Eine wichtige Aufgabe ist die Prüfung der Meßgenauigkeit von Ortsdosisleistungsmessern bzw. deren Kalibrierung bei Photonenstrahlung. Bekanntlich hängt die Anzeige nicht nur von der sog. effektiven Energie ab, sondern auch vom Energiespektrum der Strahlung, zumindest bei Detektoren mit starker Energieabhängigkeit. Um international vergleichbare Resultate zu erhalten, sollten die von der ISO [2] vorgeschlagenen Referenzstrahlungen (γ-strahlende Radionuklide, Spannungen und Filterung bei Röntgenstrahlung) einheitlich in allen RGW-Ländern in den metrologischen Staatsämtern und allen meßtechnischen Prüfstellen zur Anwendung kommen.

3.2. *Zur Expositionsdosis*

Mit der Einführung der SI-Einheiten geht der einfache Zusammenhang zwischen der Exposition als Meßgröße in der Ortsdosimetrie von Photonenstrahlung und der Äquivalentdosis, in der alle Grenzwerte angegeben sind, verloren. Das ständige Denken in zwei unterschiedlichen Größen ($1\ \mathrm{C\,kg^{-1}}$ entspricht etwa 37 Sv) ist im praktischen Strahlenschutz eine nicht akzeptierbare Quelle von unter Umständen schwerwiegenden Irrtümern. Nach unserer Meinung kann in der Strahlenschutzmeßtechnik auf die Exposition völlig verzichtet werden. Ersetzt man sie durch die Kerma (bzw. Energiedosis) in weichem Gewebe oder Wasser, so gilt innerhalb der Fehlergrenzen $+5\%$ oberhalb 100 keV und $+9\%$ oberhalb 10 keV der einfache Zusammenhang

$$\frac{K_G}{Gy} = 100 \cdot \frac{X}{R},$$

d. h., die in alten Einheiten kalibrierten Strahlenschutzmeßgeräte können ohne Schwierigkeiten weiter verwendet werden. Neue Meßgeräte sollten in Einheiten der Kerma kalibriert werden. Als Bezugssubstanz kommt auch Luft n Frage, der Fehler bei Weiterverwendung der alten Meßgeräte und des einfachen Umrechnungsfaktors 100 steigt dann bis auf $+13\%$. Wichtig ist jedoch, daß eine Bezugssubstanz durch Standard festgelegt wird. In diesen Standard können auch Umrechnungsfaktoren zwischen Exposition und Kerma aufgenommen werden, so daß die Primärnormale in den metrologischen Staatsämtern unverändert die Exposition darstellen können.

3.3. *Primärnormale für die Strahlenschutz-Neutronendosimetrie*

Im Strahlenschutz wird die Messung der Neutronen-Äquivalentdosis angestrebt, nur im Havariefall interessieren die Energiedosis oder eine sog. biologisch bewertete Dosis (RBW zwischen 1 und 2).

Grundlage der Neutronendosimetrie sind Konversionsfaktoren, die die Beziehung zwischen Fluenz und der jeweiligen Dosis angeben, wobei als Dosis die maximale oder Oberflächendosis in einem homogenen anthropomorphen Phantom definiert ist. Je nach Berechnungsmethode und Wahl dieses Phantoms geben unterschiedliche Autoren unterschiedliche Konversionsfaktoren an, die deshalb zumindest bezüglich der Äquivalentdosis von der ICRP gewissermaßen standardisiert wurden [3]. Eine Änderung dieser Faktoren scheint in Zukunft möglich. Es ist deshalb sinnvoll, die Primärnormale für Neutronenstrahlung aus der Sicht des Strahlenschutzes auf die Fluenz bzw. Flußdichte zu beziehen und nicht auf die Energiedosis. Wünschenswert sind Referenzquellen unterschiedlicher definierter Energie bzw. Energieverteilung im Gesamtbereich zwischen 0,025 eV bis 14,5 MeV.

Eingegangen am 23. 7. 1980

Literatur

[1] *R. Kramer*, Ermittlung von Konversionsfaktoren zwischen Körperdosen und relevanten Strahlungskenngrößen bei externer Röntgen- und Gamma-Bestrahlung, GSF-Bericht S-556 (1979)

[2] Droft International Standard ISO/DIS/4037 (1976), "X and γ reference radiation for calibrating and determining the energy response of dosimeters and dose rate meters"

[3] Data for Protection against Ionizing Radiation from External Sources. Suppl. to ICRP-Publ. 15; ICRP Publ. 21 Pergamon Press Oxford 1973

Methoden der Spektrometrie von Neutronen

B. Dörschel

(Technische Universität Dresden, Sektion Physik)[1])

Die verschiedenen Methoden der Neutronenspektrometrie beruhen auf der direkten Messung der Neutronengeschwindigkeit oder auf der Ausnutzung geeigneter energieabhängiger Wechselwirkungsprozesse. Im letzteren Falle ist der Meßeffekt eines Detektors mit dem gesuchten Neutronenspektrum durch eine Integralgleichung verknüpft, zu deren Lösung geeignete Entfaltungsmethoden erforderlich sind. Die wichtigsten Verfahren der Neutronenspektrometrie sind die Flugzeitmethode, die Kristallspektrometrie, die Neutronenspektrometrie unter Ausnutzung der elastischen Streuung an Wasserstoffkernen und die Neutronenspektrometrie unter Ausnutzung von Kernreaktionen, insbesondere der neutroneninduzierten Aktivierung. Die Vor- und Nachteile der einzelnen Methoden werden unter Berücksichtigung des Auflösungsvermögens, des erfaßbaren Energiebereiches, der Empfindlichkeit und des meßtechnischen und rechnerischen Aufwandes gegenübergestellt.

Keywords

measuring methods; neutron spectra; neutron spectroscopy

1. Einleitung

Der Nachweis von Neutronen wird im allgemeinen dadurch erschwert, daß die Wirkungsquerschnitte der hierfür ausgenutzten Wechselwirkungsprozesse in starkem Maße von der Neutronenenergie abhängen. Die Bestimmung charakteristischer Größen des Neutronenfeldes, wie Flußdichte oder Fluenz, bzw. der Energieübertragung an Stoffe, wie Dosisleistung oder Dosis, erfordert deshalb die Kenntnis des Energiespektrums der Neutronen. Das Energiespektrum ist definiert als Fluenzanteil der Neutronen mit Energien von E bis $E + \mathrm{d}E$, bezogen auf $\mathrm{d}E$, d. h.

$$N_E(E) = \frac{1}{\Phi}\frac{\mathrm{d}\Phi(E)}{\mathrm{d}E} = \frac{\Phi_E(E)}{\Phi}, \qquad (1)$$

wobei $\Phi_E(E)$ die spektrale und Φ die gesamte Neutronenfluenz bedeuten. Die experimentelle Neutronenspektrometrie beruht auf der direkten Messung der Neutronengeschwindigkeit oder auf der Ausnutzung geeigneter energieabhängiger Wechselwirkungsprozesse. Im folgenden werden die physikalischen Grundlagen der wichtigsten Verfahren zur Neutronenspektrometrie dargestellt und Schlußfolgerungen bezüglich ihrer Anwendbarkeit gezogen.

2. Flugzeitmethode

Die Flugzeitmethode ermöglicht eine direkte Energiebestimmung der Neutronen. Mit Hilfe einer Pulsungsvorrichtung an der betreffenden Neutronenquelle (z. B. Reaktor, Beschleuniger) werden Neutronenimpulse sehr kurzer Zeitdauer erzeugt. Die Neutronen durchfliegen anschließend eine evakuierte Laufstrecke der Länge s. Entsprechend ihrer Geschwindigkeit v bzw. ihrer Energie E benötigen sie dafür eine Zeit

$$t = \frac{s}{v} = \frac{s}{\sqrt{\frac{2E}{m}}} \qquad (2)$$

m bedeutet die Neutronenmasse. Die am Ende der Laufstrecke befindliche Detektoranordnung arbeitet synchron mit der Impulsfrequenz und erfaßt die Neutronen entsprechend ihrer Flugzeit in verschiedenen Registrierkanälen. Es läßt sich damit ein Geschwindigkeitsspektrum aufnehmen, aus dem nach Gl. (2) das Energiespektrum bestimmt werden kann. Das Auflösungsvermögen

$$\frac{\Delta E}{E} = \frac{2}{s}\sqrt{\frac{2E}{m}}\,\Delta t \qquad (3)$$

wird durch die Unschärfe Δt der Flugzeit (Kanalbreite und Impulslänge) sowie durch die Länge der Flugstrecke s bestimmt. Das Auflösungsvermögen verschlechtert sich mit wachsender Neutronenenergie. Die Flugzeitmethode liefert Neutronenspektren im Energiebereich von 0,1 eV $< E <$ 5 MeV und ist damit vielen anderen Verfahren überlegen. Sie erfordert jedoch einen hohen gerätetechnischen Aufwand, eine sehr empfindliche Nachweiselektronik und intensive gepulste Neutronenquellen.

3. Kristallspektrometrie

Neutronen mit Energien $E <$ 10 eV besitzen eine Wellenlänge

$$\lambda = \frac{\lambda_c}{\sqrt{\frac{2E}{mc^2}}} \qquad (4)$$

$(\lambda_c = 1{,}32 \cdot 10^{-15}\ \mathrm{m},\ c = 3 \cdot 10^8\ \mathrm{ms}^{-1})$

die in der Größenordnung der Wellenlänge harter Röntgenstrahlen liegt, so daß eine Beugung an Kristallgittern bzw. eine Reflexion an Kristalloberflächen möglich ist. Nach der *Braggschen* Gleichung

$$n\lambda = 2d \sin \vartheta \qquad (5)$$

kann durch Registrierung der unter verschiedenen Winkeln ϑ reflektierten Neutronen ein Wellenlängenspektrum ermittelt werden, das über die Beziehung (4) mit dem Energiespektrum zusammenhängt. In Gl. (5) bedeutet d den Abstand der Gitterebenen und n die Ordnung der Reflexion. Zur Spektrometrie eignen sich z. B. Kristalle aus Lithiumfluorid oder Beryllium. Das Auflösungsvermögen

$$\frac{\Delta E}{E} = \frac{4}{n}\frac{d}{\lambda_c}\sqrt{\frac{2E}{mc^2}}\,\Delta\vartheta \qquad (6)$$

[1]) Anschrift: 8027 Dresden, Mommsenstr. 13

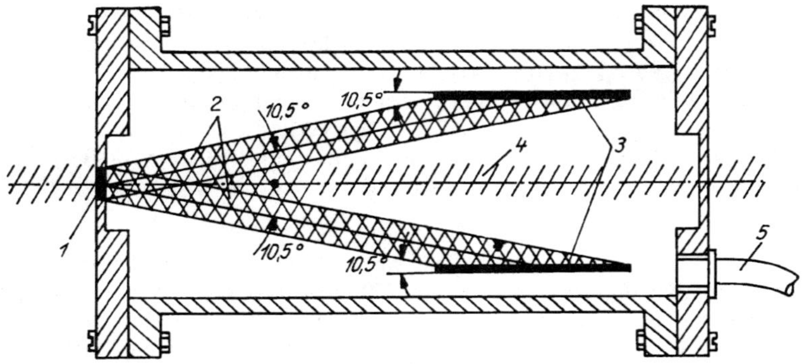

Abb. 1. Querschnitt einer Bestrahlungskammer zur Registrierung von Rückstoßprotonen in Kernspuremulsionen [2]
1 — Radiatorfolie, 2,7 mg/cm² Polyäthylen, ⌀ 10 mm; 2 — ausgenutztes Rückstoßprotonenbündel; 3 — Kernspurplatten; 4 — durchgehendes Neutronenbündel; 5 — Pumpstutzen

verschlechtert sich mit wachsender Neutronenenergie. Da sich außerdem die Winkeldivergenz $\Delta\vartheta$ nicht beliebig verkleinern läßt, ist dem Verfahren bei ca. 10 eV eine obere Grenze gesetzt. Der Vorteil der Methode liegt in der hohen genauigkeit der Spektren im Energiebereich von 0,01 eV bis 10 eV. Nachteilig ist u. a. die erforderliche Kollimierung des Neutronenstrahles, wodurch die Anwendungsmöglichkeiten begrenzt sind.

4. Neutronenspektrometrie unter Ausnutzung der elastischen Streuung

Grundlage für viele Spektrometrieverfahren bildet die elastische Streuung von Neutronen an Wasserstoffkernen, wobei durch Messung der Rückstoßprotonenenergie auf die Neutronenenergie geschlossen wird. Mit wasserstoffhaltigen Proportionalzählrohren läßt sich aus der Impulshöhenverteilung das Protonenspektrum $P_E(E)$ ermitteln, aus dem sich unter Voraussetzung isotroper Streuung das Neutronenspektrum entsprechend

$$N_E(E) = -\frac{E}{\Phi N_H \sigma_s(E)} \frac{dP_E(E)}{dE} \qquad (7)$$

durch Differentiation ergibt. Dabei bedeuten Φ die Neutronenfluenz, N_H die Anzahl der Wasserstoffatome im aktiven Zählrohrvolumen und σ_s den Streuquerschnitt. Die untere Grenze des erfaßbaren Energiebereiches liegt bei ca. 20 keV, da eine eindeutige Trennung der Neutronenimpulse von Impulsen durch begleitende γ-Strahlung zu gewährleisten ist. Wird anstelle der Impulshöhenanalyse eine Impulsformanalyse angewendet, läßt sich die untere Grenze auf 1 bis 3 keV herabsetzen [1]. Die obere Grenze von ca. 10 MeV wird durch die zunehmende Anisotropie der elastischen Streuung bestimmt. Auf den gleichen physikalischen Grundlagen beruht die Neutronenspektrometrie mit wasserstoffhaltigen Szintillatoren (Energiebereich 0,2 bis 15 MeV) und mit Halbleiterdetektoren, kombiniert mit wasserstoffhaltigen Radiatoren (Energiebereich 0,3 bis 8 MeV).

Breite Anwendung hat die Registrierung von Rückstoßprotonen in Kernspurenmulsionen gefunden. Aus der Länge der Protonenspuren wird dabei auf die Energie der Neutronen geschlossen. Bei der direkten Methode müssen dazu die Spurlängen und die Richtungen der Protonen ermittelt werden. Bei Vorliegen eines kollimierten Neutronenstrahles kann eine indirekte Methode angewendet werden, wobei in den Neutronenstrahl eine wasserstoffhaltige Radiatorfolie gebracht wird (siehe Abb. 1) und die seitlich herausfliegenden Protonen in der Emulsion registriert werden. Die Auswertung wird dadurch erleichtert, daß alle Spuren nur noch an der Emulsionsoberfläche unter einem definierten Winkel beginnen und eine γ-Bestrahlung im direkten Neuronenbündel ausgeschlossen wird. Da die Rückstoßprotonen zur Registrierung eine bestimmte Mindestenergie besitzen müssen, ist die Anwendung von Kernspuremulsionen zur Neutronenspektrometrie nur für den Energiebereich $E > 0{,}5$ MeV möglich.

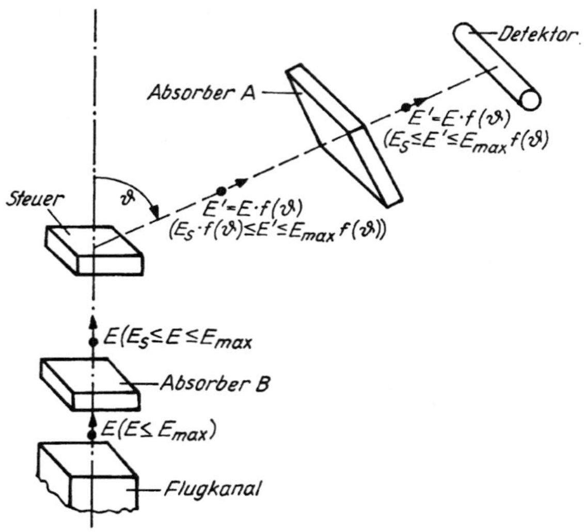

Abb. 2. Schematische Darstellung der Streu-Abschäl-Methode (nach [3])
Bitte beachten: Statt Steuer lies Streuer

Ein Verfahren, das auf der elastischen Neutronenstreuung an Wasserstoffkernen beruht und für geringe Neutronenenergien geeignet ist, stellt die Streu-Abschäl-Methode nach *Bayer* dar. Die Neutronenenergie nach der Streuung beträgt

$$E' = E \cos^2 \vartheta \qquad (8)$$

wobei ϑ den Streuwinkel des Neutrons bedeutet. Zwischen einem wasserstoffhaltigen Streuer und dem Detektor (siehe Abb. 2) wird ein Absorber A (z. B. Cadmium) zur Absorption aller Neutronen unter einer bestimmten Schwellenenergie E_s angeordnet. Da die Energie E' um so kleiner ist, je größer der Streuwinkel ϑ ist, wird mit wachsendem Streuwinkel ein zunehmender Teil des primären Neutronenspektrums unterhalb E_s „abgeschält". Die Detektoranzeige ist damit eine Funktion des Streuwinkels ϑ, aus der unter Berücksichtigung von Gl. (8) mittels geeigneter Entfaltungsmethoden das Neutronenspektrum ermittelt werden kann. Der Absorber B bewirkt eine Absorption thermischer Neutronen, so daß ein hoher γ-Untergrund infolge von (n,γ)-Reaktionen vermieden wird. Die Streu-

Abschäl-Methode ist im Energiebereich von ca. 0,6 bis 50 eV anwendbar.

Bei einer Reihe von Spektrometrieverfahren werden nicht einzelne Streuprozesse, sondern die Moderierung der Neutronen in wasserstoffhaltigen Materialien ausgenutzt. Bei Anordnung eines Detektors für thermische Neutronen im Inneren eines kugelförmigen Moderators ist der Meßeffekt M nach

$$M(d) = \Phi \int N_E(E)\, K(E, d)\, dE \tag{9}$$

vom Spektrum der einfallenden Neutronen und vom Kugeldurchmesser d abhängig. Bei Verwendung mehrerer Kugeln mit unterschiedlicher Ansprechfunktion $K(E, d)$ läßt sich ein Gleichungssystem aufstellen, aus dem mittels geeigneter Entfaltungsverfahren das Neutronenspektrum bestimmt werden kann. Das Verfahren ist im Energiebereich von 0,01 eV bis 100 MeV anwendbar, erfordert allerdings einen erheblichen experimentellen und rechnerischen Aufwand [4]. Auf dem gleichen Prinzip beruht eine weitere Methode, die nur eine Moderatorkugel erfordert. Diese Kugel wird mit mehreren radialen Kanälen versehen (siehe Abb. 3), in die Bestrahlungsstäbe mit Thermolumineszenzdetektoren (LiF) in unterschiedliche Tiefen eingeführt werden. Da die Dicke der moderierenden Schicht für die einzelnen Detektoren unterschiedlich ist, hängt die Detektoransprechfunktion vom Spektrum der einfallenden Neutronen und vom Ort in der Moderatorkugel ab. Es kann deshalb analog zu (9) ein Gleichungssystem für die verschiedenen Meßeffekte aufgestellt und das Neutronenspektrum daraus durch Entfaltung bestimmt werden.

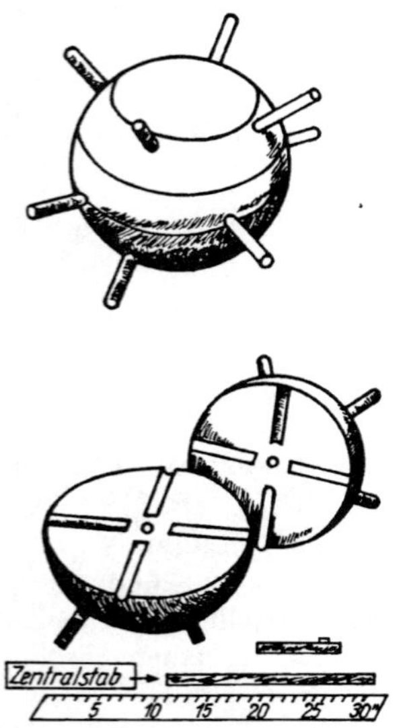

Abb. 3. Polyäthylenkugel mit Bestrahlungshalterungen zur Neutronenspektrometrie (nach [5])

5. Neutronenspektrometrie unter Ausnutzung von Kernreaktionen

Die Ausnutzung von Kernreaktionen, z. B. ^{6}Li(n,α) ^{3}H oder ^{3}He(n,p) ^{3}H, zur Neutronenspektrometrie beruht darauf, daß die auf die Reaktionsprodukte entfallende Energie von der Energie der Neutronen abhängt. Werden die Energien der Reaktionsprodukte z. B. mit Silizium-Oberflächensperrschichtdetektoren oder Proportionalzählrohren bestimmt, kann bei bekannter Detektoransprechfunktion das Neutronenspektrum ermittelt werden. Diese Verfahren sind im Energiebereich von ca. 10 keV bis 8 MeV anwendbar.

Ebenfalls auf der Ausnutzung von Kernreaktionen beruht die Neutronenspektrometrie mit Aktivierungssonden. Da die Aktivierungsquerschnitte σ_{ac} der meisten Elemente stark von der Neutronenenergie abhängen, wird die in einer Sonde induzierte Aktivität durch das Spektrum der einfallenden Neutronen bestimmt. Für die Aktivierungsrate a (Sättigungsaktivität pro Anzahl aktivierbarer Kerne) gilt

$$a = \varphi \int N_E(E)\, \sigma_{ac}(E)\, f(E)\, dE \tag{10}$$

wobei φ die Neutronenflußdichte und $f(E)$ die Schwächung der Neutronenflußdichte durch Wechselwirkungsprozesse in der Sonde beschreiben. Die Ermittlung des Neutronenspektrums nach Gl. (10) erfordert einen Satz von Aktivierungssonden mit unterschiedlicher Energieabhängigkeit der Aktivierungsquerschnitte. Es ergibt sich somit ein System von Integralgleichungen, das durch geeignete mathematische Verfahren gelöst werden muß. Je nach der Abhängigkeit des Aktivierungsquerschnitts von der Neutronenenergie werden Schwellwert-, Resonanz- und $1/v$-Sonden unterschieden, mit denen die Bestimmung der Spektren schneller, intermediärer und thermischer Neutronen möglich ist.

Als Beispiel für die Lösung des Gleichungssystems (10) soll die Methode der spektralen Indices dargestellt werden. Der spektrale Index S_{ij} zweier Sonden i und j ergibt sich als Quotient ihrer Aktivierungsraten

$$S_{ij} = \frac{a_i}{a_j} = \frac{\int N_E(E)\, \sigma_i(E)\, dE}{\int N_E(E)\, \sigma_j(E)\, dE} \tag{11}$$

Kann das Neutronenspektrum in einem bestimmten Bereich durch eine Funktion mit einem freien Parameter β, z. B. durch

$$N_E(E) = C \sqrt{E}\, e^{-\beta E} \tag{12}$$

beschrieben werden (C stellt eine Normierungskonstante dar), ist die Größe S_{ij} von β abhängig. Für verschiedene Sondenkombinationen können die Indices S_{ij} berechnet und in Abhängigkeit von β graphisch dargestellt werden (siehe z. B. Abb. 4). Durch experimentelle Bestimmung der Aktivierungsraten zweier Sonden läßt sich der Parameter β für das vorliegende Neutronenspektrum ermitteln. Neben dieser Methode existieren noch eine Reihe weiterer

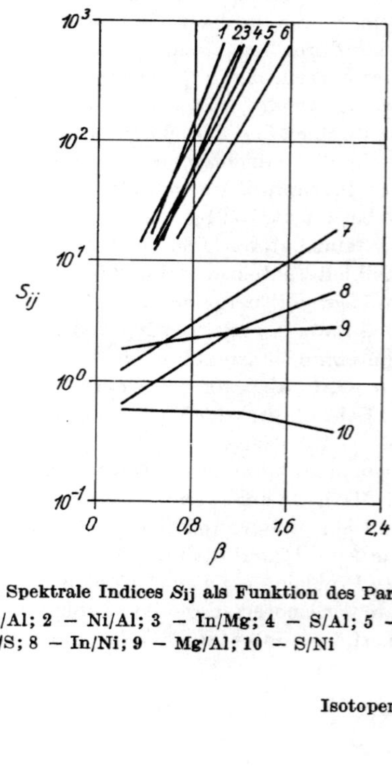

Abb. 4. Spektrale Indices S_{ij} als Funktion des Parameters β (nach [6])
1 – In/Al; 2 – Ni/Al; 3 – In/Mg; 4 – S/Al; 5 – Ni/Mg; 6 – S/Mg; 7 – In/S; 8 – In/Ni; 9 – Mg/Al; 10 – S/Ni

Tab. 1. Eigenschaften verschiedener Neutronenspektrometer

Spektrometer	physikalische Grundlage	Energiebereich	notwendige Voraussetzungen
Flugzeit-spektrometer	gleichförmige, geradlinige Bewegung im Vakuum	0,1 eV – 5 MeV	gepulste Neutronenquelle hoher Intensität, Detektor hoher Zeitauflösung
Kristall-spektrometer	Beugung oder Reflexion an Kristallen	0,01 eV – 10 eV	kollimierter Neutronenstrahl
Proportional-zählrohr	elastische Neutronenstreuung an Wasserstoffkernen	1 keV – 10 MeV	γ-Diskriminierung, Spektrenentfaltung
Szintillations-zähler	elastische Neutronenstreuung an Wasserstoffkernen	0,2 MeV – 15 MeV	γ-Diskriminierung, Spektrenentfaltung
Halbleiter-detektor mit H-haltigem Radiator	elastische Neutronenstreuung an Wasserstoffkernen	0,3 MeV – 8 MeV	γ-Diskriminierung, Spektrenentfaltung
Kernspur-emulsion	elastische Neutronenstreuung an Wasserstoffkernen	> 0,5 MeV	bei indirekter Methode kollimierter Neutronenstrahl
Streu-Abschäl-Spektrometer	elastische Neutronenstreuung an Wasserstoffkernen	0,6 eV – 50 eV	kollimierter Neutronenstrahl, Spektrenentfaltung
Moderator-kugelspek-trometer	Moderierung in H-haltigen Stoffen	0,01 eV – 100 MeV	verschieden dicke Moderatorschichten, Spektrenentfaltung
Aktivierungs-sonden	Aktivierungsreaktionen, z. B. (n, γ), (n, α), (n, p), (n, n′), (n, 2n)	<0,4 eV	$1/v$-Sonden mit und ohne Cd-Umhüllung
		0,4 eV – 1 MeV	Resonanzsonden mit Cd-Umhüllung
		>1 MeV	Schwellwertsonden, Spektrenentfaltung

Entfaltungsverfahren, die auf Reihenentwicklungen, Iterationen, statistischen Methoden usw. beruhen.

Gegenüber verschiedenen anderen Verfahren besitzt die Spektrometrie mit Aktivierungssonden den Nachteil eines relativ geringen Auflösungsvermögens, wobei die erreichbare Genauigkeit aber z. B. für die Zwecke der Neutronendosimetrie oder Neutronenfluenzmessung ausreichend ist. Vorteile bestehen darin, daß ein großer Energiebereich erfaßt werden kann und der apparative Aufwand zur Auswertung der Sonden gering ist. Stehen geeignete mathematische Methoden zur Spektrenentfaltung zur Verfügung, stellt die Verwendung von Aktivierungssonden eine brauchbare Methode der Neutronenspektrometrie dar.

6. Zusammenfassung

Aus der Zusammenstellung der wichtigsten Verfahren zur Neutronenspektrometrie folgt, daß die Auswahl einer Methode stark von der jeweiligen Meßaufgabe abhängt. So muß z. B. geprüft werden, ob die Verfügbarkeit gepulster Neutronenquellen oder kollimierter Neutronenbündel die Anwendung spezieller Verfahren ermöglicht, ob die Methode Aussagen über den interessierenden Energiebereich mit ausreichendem Auflösungsvermögen liefern kann, oder ob geeignete numerische Methoden der Spektrenentfaltung, einschließlich der erforderlichen Rechnerkapazität, zur Verfügung stehen. Tab. 1 gibt einen Überblick über die physikalischen Grundlagen und die charakteristischen Eigenschaften der wichtigsten Neutronenspektrometer, woraus Schlußfolgerungen über einen möglichen Einsatz auf verschiedenen Anwendungsgebieten gezogen werden können.

Eingegangen am 23. 7. 1980

Literatur

[1] *D. Albert*, Kernenergie 15 (1972) 337
[2] *G. Ruickoldt*, ZfK RN 4, 1960
[3] *A. Bayer*, KFK-Ext. Bericht 4/71-30, 1971
[4] *V. E. Alejnikov, V. P. Gerdt, M. M. Komochkov*, Proc. Symp. Neutron Monitoring for Radiat. Protect. Purposes, IAEA-SM-167/27, Vienna 1973
[5] *H. V. Piltigsrud, M. J. Engelke*, Proc. Symp. Neutron Monitoring for Radiat. Protect. Purposes, IAEA-SM-167/51, Vienna 1973
[6] *I. Mirić, P. Mirić, D. Velicković*, Rep. Boris Kidrič Inst. of Nucl. Sciences, Vinča 1971

Воспроизведение единицы активности электронозахватных нуклидов во ВНИИМ им. Д. И. Менделеева

А. А. Константинов, Т. Е. Сазонова, С. В. Сэпман

(WPO Wissenschaftliches Allunions-Forschungsinstitut für Metrologie ,,D. I. Mendelejew" der UdSSR, WNIIM)[1])

Для воспроизведения единицы активности электронозахватных нуклидов во ВНИИМ используются пропорциональные 2π — или 4π-счетчики, наполняемые различными газовыми смесями при разных давлениях, и сцинтилляционные счетчики. В зависимости от схем распада нуклидов, для измерения применяется один из следующих методов: метод 4π-(KX + ē)-γ-совпадений, метод 2π KX-γ-совпадений, метод KX-LX-совпадений, пропорциональные 4π-счетчики под давлением или метод KX-ē-совпадений. Излагаются все методы, причем более подробно рассматривается процесс измерения ^{55}Fe. *Погрешность измерения всех методов составляет от 0,1 до 3,0%, при статистической надежности в 99%, в зависимости от метода измерения и от схем распада.*

Keywords

calibration; electron capture radioisotopes; iron 55; measuring methods; radioactivity

Для воспроизведения единицы активности электронозахватных нуклидов во ВНИИМ созданы установки с различными детекторами излучений: пропорциональными 2π- или 4π-счетчиками, наполняемыми различными газовыми смесями при разных давлениях, и сцинтилляционными счетчиками с различными кристаллами. На этих установках используются различные методы измерений активности в зависимости от схемы распада измеряемого нуклицда.

Наиболее точным методом измерений активности электронозахватных нуклидов является широко распространенный 4π-(KX + ē)-γ-совпадений, применяемый в тех случаях, когда распад радионуклида сопровождается испусканием гамма-излучеия.

Для радионуклидов, имеющих сопровождающее гамма-излучение с энергией фотонов более 500 *кэВ* (^{54}Mn, ^{88}Y и др.), наряду с экстраполяционным методом 4π-(KX + ē)-γ-совпадений во ВНИИМ используется метод 2π KX-гамма-совпадений. В этом случае пропорциональный 4π-счетчик заменяется на 2π-счетчик, и сам метод измерений упрощается по сравнению с экстраполяционным методом совпадений. Метод 2π KX-γ-совпадений дает высокую точность в том случае, если каждый из детекторов (пропорциональный 2π- и сцинтилляционный счетчики) чувствителен лишь к одному из совпадающих излучений. Сцинтилляционный счетчик легко сделать нечувствительным к рентгеновскому излучению путем установления определенного уровня дискриминации. Чувствительность пропорционального 2π-счетчика к гамма-излучению проявляется, в основном, через взаимодействие гамма-излучения со стенками счетчика. Для уменьшения чувствительности пропорционального счетчика к гамма-излучению такие счетчики изготавливаются из легких материалов, или их стенки изнутри покрываются графитом или алюминием для уменьшения ,,стеночного эффекта".

Для измерения активности радионуклидов с $Z > 40$ со сложными схемами распада (^{181}W, ^{159}Dy, ^{145}Sm) применяется метод KX-LX-совпадений с использованием пропорциональных 2π-счетчиков, наполняемых различными газовыми смесямми при разных давлениях. Однако точность этого метода зависит от точности, с которой известны постоянные распада (доли K-, L- и M-захватов, коэффициенты конверсии и т.д.) [1].

Для измерения активности электронозахватных радионуклидов без сопровождающего гамма-излучения (^{55}Fe, ^{71}Ge и др.) или в тех случаях, если распад происходит на задержанный уровень (^{109}Cd, ^{113}Sn и др.), т.е. когда метод совпадений не применим — используется метод полного поглощения характеристического рентгеновского излучения с помощью пропорционального 4π-счетчика, работающего при повышенном давлении рабочей газовой смеси (до 20 *атм.*). Этот же счетчик повышенного давления применяется для измерения активности кадмия -109 по числу конверсионных электронов.

Исследование метода полного поглощения характеристического рентгеновского излучения для измерения активности железа-55 с помощью счетчиков повышенного давления показало, что в некоторых случаях он может дать неучтенную систематическую погрешность, связанную с так называемым ,,фоном от источника", который невозможно учесть в этом методе, а также качеством источников, изготовленных из раствора. Для выявления этих систематических погрешностей используется метод трех наполнений пропорционального 2π-счетчика.

Принцип метода трех наполнений для измерения активности электронозахватных нуклидов описан еще в работе [2]. Однако в настоящее время этот метод усовершенствовался и используется не только для измерения активности электронозахватных нуклидов, но и для исследования качества приготовленных источников, определения ,,фона от источника" и установления бета-примесей в источниках.

Источник электронозахватного нуклида (например, ^{55}Fe) для измерения его активности по поглощению рентгеновского излучения в пропорциональном 2π-счетчике изготавливается таким образом, чтобы радиоактивное вещество находилось между двумя покрытыми алюминием пленками с новерхностной плот-

[1]) Anschrift: UdSSR, 198005 Leningrad, Moskauer Prospekt 19

ностью 180—200 *мкг/см²* для полного поглощения электронов Оже. ,,Фон от источника“ определяется при наполнении пропорционального счетника метаном до давления 8 кПа, при котором КХ-фотоны практически не поглощаются в рабочем объеме счетчика. ,,Фон от источника“ состоит, в основном, из фотоэлектронов, выходящих из пленки при поглощении в ней КХ-фотонов. Этот ,,пленочный эффект“ невелик [3], зависит от толщины и материала пленок, из которых сделан источник ^{55}Fe. Для пленок с поверхностной плотностью порядка 200 *мкг/см²*, изготовленных из рентгеновской пленки и покрытых алюминием, ,,пленочный эффект“ составляет 0,2—0,3% от полного числа КХ-фотонов.

При уменьшении толщины пленки ,,пленочный эффект“ увеличивается, т.к. большее число фотоэлектронов выходит из пленки. При увеличении толщины пленки увеличивается поглощение КХ-фотонов, но фотоэлектронов из нее выходит меньше, поэтому ,,пленочный эффект“ уменьшается и приходит к насыщению.

Исследование партии источников ^{55}Fe, изготовленных из раствора, показало, что у всех источников наблюдается некоторое различие во внешнем КХ-излучении в угле 2π от разных сторон источника (примерно 0,1—0,6%). При этом, как правило, та сторона источника, которая дает большее число КХ-фотонов, имеет и больший ,,фон от источника“. Но встречаются источники, одна из сторон которых при меньшем числе КХ-фотонов имеет больший ,,фон от истонника“. Это явление может быть связано с наличием микродыр в пленках, либо с ,,минизагрязнением“ внешней стороны пленки. Загрязнение может быть очень малым, например, 0,1% от активности нуклида в источнике, т.е. заметить его обычными методами невозможно. Но поскольку электроны Оже регистрируются с эффективностью 100%, и их больше, чем КХ-фотонов примерно в 3,6 раза, то при измерении активности нуклида по поглощению КХ-фотонов, 0,1% загрязнения превращается в 0,4%, которые искажают результат.

Отличить эффект микродырки от эффекта ,,минизагрязнения“ можно при измерении удельной активности ^{55}Fe в растворе для партии источников: если ,,минизагрязнение“ дает увеличение активности источника, т.е. он может выпасть из серии измерений, то микродырка — нет.

Небольшое различие в числе КХ-фотонов от разных сторон источника (до 0,6%) можно объяснить некоторой разницей в толщине пленок, из которых сделан источник, в основном, из-за их неравномерности. Но иногда встречаются источники ^{55}Fe, у которых это различие достигает до 2%. Такие источники должны быть забракованы.

Наличие бета-примесей в радиоактивном растворе повышает ,,фон от источника“ для всех источников в партии без исключения.

Очевидно, что всесторонне исследовать качество приготовленных источников, установить и выявить их недостатки возможно лишь при наличии источников ^{55}Fe, у которых эти недостатки заведомо отсутствуют. Во ВНИИМ имеются два таких осточника, изготовленных из хорошо очищенного и выдержанного в течение длительного времени сырья.

Метод трех наполнений был вначале разработан для сферических счетчиков [2]. Но исследования показали, что при работе со счетчиками с эффективностью свыше 60%, метод трех наполнений дает одинаковые результаты в пределах погрешности измерений как для сферических, так и для цилиндрических счетчиков. Поскольку разрешение цилиндрических счетчиков лучше, чем сферических, то в настоящее время во ВНИИМ используются только счетчики в виде усеченного полуцилиндра с экранирующими трубками для улучшения разрешения. Счетчик, имеющий лушее разрешение, дает возможность точнее определить число КХ-фотонов, во-первых, из-за того, что у него длиннее плато и во-вторых, из-за того, что у него меньше поправка, вводимая на конечный уровень дискриминации со стороны малых энергий. Для счетчика в виде усеченного полуцилиндра с экранирующими трубками поправка на конечный уровень дискриминации составляет 0,2—0,3%.

Сравнение результатов измерений для одних и тех же источников методом трех наполнений 2π-счетчика и методом полного поглощения в 4π-счетчике показали, что если не учитывать качество изготовленных источников и ,,фон от источников“, то результаты измерений двумя методами расходятся за пределы погрешностей обоих методов.

Это говорит о том, что наиболее распространенный метод полного поглощения КХ-излучения в 4π-счетчике в том виде, как он применяется для измерения активности железа-55, имеет систематическую ошибку порядкя 0,3—1%, возникающую от того, что не учитывается ,,фон от источника“ и возможные дефекты источников ^{55}Fe, изготовленных из раствора.

Таким образом, для воспроизведения единицы активности электронозахватных нуклидов во ВНИИМ используется целый ряд методов, что позволяет выявлять и оценивать возможные систематические погрешности отдельных методов. Относительная погрешность воспроизведения во ВНИИМ единицы активности электронозахватных нуклидов, соответствующая доверительной вероятности 0,99, равна 0,1—3% в зависимости от метода измерений и схемы распада измеряемого нуклида.

В заключение можно отметить еще метод совпадений электронов конверсии с КХ-фотонами, разработанный для измерения активности ^{207}Bi, который имеет сложную схему распада [4]. Электроны конверсии в этом случае регистрируются сцинтилляционным счетчиком со стильбеном, КХ-фотоны — сцинтилляционным счетчиком с кристаллом NaI(Tl).

Поступила в редакцию 23/VII, 1980 г.

Литература

[1] *А. А. Константинов, Т. Е. Сазонова*, Симпозиум по станд. радионуклидов, МАГАТЭ, Вена, стр. 357, 1967 г.

[2] *А. А. Константинов*, ,,Приборы и техника эксперимента“, № 1, 1959 г.

[3] *S. B. Garfinkel, J. M. R. Hutchinson*, Intern. Journal of Appl. Rad. Isot. 13 (1962) 629

[4] *А. А. Константинов, Т. Е. Сазонова, С. В. Сэпман*, ,,Метрология“ № 5, 1974 г.

4π(α, β)-γ Two-Stage Coincidence Method with Liquid Scintillation Counter in α, β-Channel for Absolute Determination of Radioactive Concentration

A. Chyliński, T. Radoszewski

(Institute of Nuclear Research Świerk, Poland)[1])

A method of absolute measurements of radioactive concentrations with the use of liquid scintillator in β, α-channel, and two-stage coincidence is described in this work.
In the theoretical part mathematical dependence have beeen given for the total correction factor connected with sensitivity of β, α-channel to gamma photons and the internal conversion. The method of experimental determination of total correction factor has been shown.
The application of the method of measurements of pure beta emitters by tracer technique has been described.
In the experimental part the discussed method has been illustrated by the measurements of ^{60}Co, ^{241}Am *and* ^{32}P. *The total error of radioactive concentration measurements of the said radionuclides is less than 1%.*

Keywords
absolute counting; coincidence methods; errors; liquid scintillation detectors; radioactivity; radioisotopes

1. Introduction

The absolute coincidence methods for determining the activity of radioactive sources of β-γ and α-γ emitters require the use of correction factors connected with the sensitivity of β,α detector to gamma photons, complexity of the scheme of decay and internal conversion. Determining these factors on the basis of data from tables of decay (internal conversion) or basing on graduation data, reduces the absoluteness of the method and its accuracy, because the error of these data has an immediate influence on the determined activity.

Also the method of determining the experimental total correction factor in the act of measurement, while determining an activity, has been shown in this work. Such a way of determining the corrections enables to increase the correction factor accuracy by increasing the statistics. It enables also to keep full absoluteness of measurement.

The tracer technique has been treated basing on the above. The combined source containing a tracer and pure β emitter can be regarded as a source of quasi-nuclide having a complex "triangular" scheme of decay, and the total correction factor determined experimentally can be used.

The use of liquid scintillator in β,α-channel enables — by avoiding a self-absorption — to obtain a high efficiency of detection in this channel, and thus to decrease the influence of correction factors on a determined activity.

The use of two—stage coincidence enables to eliminate the spurious pulses, disturbing the accuracy of measurement, in β,α channel, and to decrease considerably the background of that channel.

2. Theoretical basis for measurements of β-γ and α-γ emitters

The following data, which are obtained in the counting system output, are needed for deriving a formula of determination the disintegration rates in a source

- N_{c1} — counting rate of pulses in β,α-channel of the primary coincidence
- N_γ — counting rate of pulses in γ-channel
- N_{c2} — counting rate of pulses in the secondary coincidence channel.

Basing on the dependence of counting rates in channels on disintegration rate in the source (N_0) in the time unit, we obtain the following system of equations

$$N_{c1} = N_0\left[\varepsilon_\beta + (1-\varepsilon_\beta)\,\varphi_0 + (1-\varepsilon_\beta)\,\frac{\alpha\varepsilon_{eco}}{1+\alpha}\right] \tag{1}$$

$$N_\gamma = N_0[\varepsilon_\gamma + (1-\varepsilon_\gamma)\,\varepsilon_{\gamma H}] \tag{2}$$

$$N_{c2} = N_0[\varepsilon_\beta\varepsilon_\gamma + (1-\varepsilon_\beta)\,\varepsilon_c''] \tag{3}$$

where

- ε_β — efficiency of β- or α-particles' registration in the primary coincidence called later on the efficiency of β-channel
- ε_γ — efficiency of γ-channel for γ photons
- $\varepsilon_{\gamma H}$ — efficiency of γ-channel for bremsstrahlung
- φ_0 — efficiency of β-channel for γ-photons
- α — coefficient of internal conversion
- ε_{eco} — efficiency of β-channel for internal conversion electrons
- ε_c'' — efficiency of secondary coincidence channel for different coincidences of γ-γ type.

Using adequate discrimination in γ-channel we can avoid the registration of bremsstrahlung, thus

$$\varepsilon_{\gamma H} = 0 \tag{4}$$

From the dependences (1, 2, 3, 4) we obtain:

$$N_0 = \frac{N_{c1}N_\gamma}{N_{c2}}\cdot\frac{1}{1+\dfrac{1-\varepsilon_\beta}{\varepsilon_\beta}\left(\varphi_0-\dfrac{\varepsilon_c''}{\varepsilon_\gamma}+\dfrac{\alpha\varepsilon_{eco}}{1+\alpha}\right)} \tag{5}$$

If we state that

$$\varphi = \varphi_0 - \frac{\varepsilon_c''}{\varepsilon_\gamma} \tag{6}$$

then general equation for disintegration rate in the source is

$$N_0 = \frac{N_{c1}N_\gamma}{N_{c2}}\cdot\frac{1}{1+\dfrac{1-\varepsilon_\beta}{\varepsilon_\beta}\left(\varphi+\dfrac{\alpha\varepsilon_{eco}}{1+\alpha}\right)} \tag{7}$$

If we denote

$$K = 1 + \frac{1-\varepsilon_\beta}{\varepsilon_\beta}\left(\varphi + \frac{\alpha\varepsilon_{eco}}{1+\alpha}\right) \tag{8}$$

[1]) Address: Świerk/K. Otwocka, Poland

then K is the total correction factor containing a correction for sensitivity of β detector for γ photons, and correction for internal conversion registered by conversion electrons in β channel.

The quantity $\frac{\alpha \varepsilon_{eco}}{1+\alpha}$ is constant for a definite radionuclide and definite working conditions in β channel.

φ will stay constant if we add to the said conditions definite working conditions of γ channel. If in γ channel only photopeak is registred, then the dependence 6 changes into the following equation

$$\varphi = \varphi_0 \tag{9}$$

The total correction factor according to formula 8 can be determined experimentally. If the equation 8 is the equation of the first degree, then the inclination of straignt line is the measure of $\left(\varphi + \frac{\alpha \varepsilon_{eco}}{1+\alpha}\right)$.

Changing ε_β we can obtain the dependence of $\frac{N_{c1} N_\gamma}{N_{c2} N_{oex}}$ on $\frac{1-\varepsilon_\beta}{\varepsilon_\beta}$.

A tangent of the straight line inclination angle determines the value $\left(\varphi + \frac{\alpha \varepsilon_{eco}}{1+\alpha}\right)$.

$N_{0\,ex}$ is a quantity $\frac{N_{c1} N_\gamma}{N_{c2}}$ extrapolated to $\varepsilon_\beta = 1$.

Basing on dependence (7) and the condition that $N_{0\,ex} = N_0$, we can write

$$\frac{\frac{N_{c1} N_\gamma}{N_{c2} N_{0\,ex}} - 1}{\frac{1-\varepsilon_\beta}{\varepsilon_\beta}} = \left(\varphi + \frac{\alpha \varepsilon_{eco}}{1+\alpha}\right) = \operatorname{tg} b \tag{10}$$

Fig. 1 gives a graphic picture of the above.

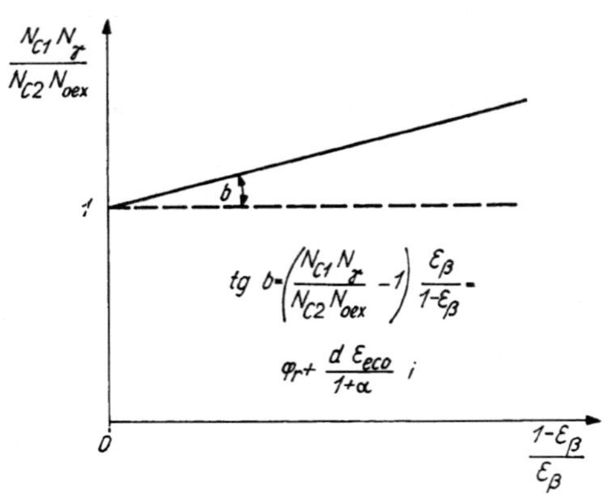

Fig. 1. Dependence of $\frac{N_{c1} N_\gamma}{N_{c2} N_{0\,ex}}$ on $\frac{1-\varepsilon_\beta}{\varepsilon_\beta}$

We determine the efficiency of β and γ channels by the following dependences

$$\varepsilon_\beta = \frac{N_{c2}}{N_\gamma} \tag{11}$$

$$\varepsilon_\gamma = \frac{N_{c2}}{N_{c1}} \tag{12}$$

3. Theoretical basis for measurements of pure β emitters

If, according to chapter 2, to the measured activity of radionuclide source we add the source of pure β emitter, then in the metrological sense we will obtain the source of quasinuclide of a complex "triangular" scheme of decay. There is no trouble with mixing up two sources if we use the liquid scintillator. The β-γ emitter will be called the tracer.

If we denote by p the disintegrations coming from β emitter in relation to the disintegration rate of the combined source, then the disintegration rate coming from the tracer will be equal to $(1-p)$.

For the combined source with the minimal internal conversion we can write

$$N_{c1}^{T+E} = N_0^{T+E}[\varepsilon_{\beta T}(1-p) + p\varepsilon_{\beta E} + (1-\varepsilon_{\beta T})(1-p)\varphi_0] \tag{13}$$

$$N_\gamma = N_0^{T+E}[\varepsilon_\gamma(1-p)] \tag{14}$$

$$N_{c2} = N_0^{T+E}[\varepsilon_{\beta T}\varepsilon_\gamma(1-p) + (1-\varepsilon_{\beta T})(1-p)\varepsilon_c''] \tag{15}$$

where, apart from so far used denotations,

N_0^{T+E} — disintegration rate in the combined source in tim unit

N_{c1}^{T+E} — counting rate of the primary coincidence in β channel

$\varepsilon_{\beta T}$ — efficiency of β channel of the primary coincidence for β radiation coming from the tracer

$\varepsilon_{\beta E}$ — efficiency of β channel for β radiation coming from "pure" β emitter.

From dependences (13, 14, 15) we obtain

$$\frac{N_{c1}^{T+E} N_\gamma}{N_{c2}} = N_0^{T+E}\left[1 + \frac{1-\varepsilon_{\beta T}}{\varepsilon_{\beta T}}\left(\varphi(1-p) + \frac{p\varepsilon_{\beta E} - p\varepsilon_{\beta T}}{1-\varepsilon_{\beta T}}\right)\right] \tag{16}$$

Having introduced the folloewing denotations

$$\Omega = \varphi(1-p) + p\frac{\varepsilon_{\beta E} - \varepsilon_{\beta T}}{1-\varepsilon_{\beta T}} \tag{17}$$

$$S = 1 + \frac{1-\varepsilon_{\beta T}}{\varepsilon_{\beta T}} \cdot \Omega \tag{18}$$

we obtain the formula for disintegration rate in the combined source.

$$N_0^{T+E} = \frac{N_{c1}^{T+E} \cdot N_\gamma}{N_{c2} \cdot S} \tag{19}$$

A graphic presentation of equation (16) is given in Fig. 2

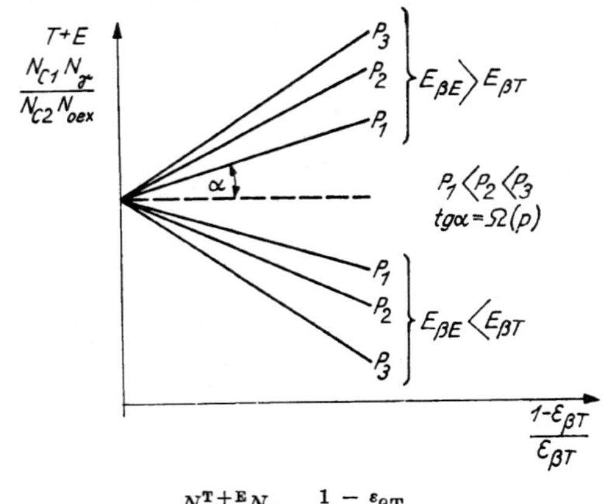

Fig. 2. Dependence of $\frac{N_{c1}^{T+E} N_x}{N_{c2} N_{0\,ex}}$ on $\frac{1-\varepsilon_{\beta T}}{\varepsilon_{\beta T}}$ for different p and two different emitters with the same tracer

If we change $\varepsilon_{\beta T}$ preserving constant ratio $\frac{1-\varepsilon_E}{1-\varepsilon_{\beta T}}$ then from inclination of straight line $\frac{N_{c1}^{T+E} \cdot N_\gamma}{N_{c2} \cdot N_{0\,ex}}$ being a function of $\frac{1-\varepsilon_{\beta T}}{\varepsilon_{\beta T}}$, we will obtain the value of Ω equal to tangent of straight inclination (tg α).

Fig. 3 Shows the dependence of Ω on p.

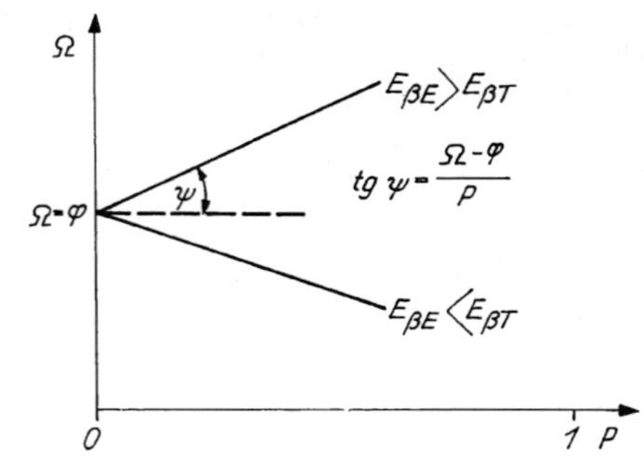

Fig. 3. Dependence of Ω on p

For $p = 1$, i.e. for β emitter without addition of tracer we can obtain by extrapolation of p to 1 the value $\Omega(p = 1)$.

Using equation 17 we obtain a significant dependence

$$\varepsilon_{\beta E} = \varepsilon_{\beta T} + \Omega_{p=1}(1 - \varepsilon_{\beta T}) \tag{20}$$

The activity of pure β emitter (N_0^E) is determined from the dependence

$$N_0^E = N_0^{T+E} - N_0^T \tag{21}$$

4. Experimental part

For detection of β particles the liquid scintillator has been used, which was prepared from toluen-triton within the ratio of 2:1. Of the following composition 4 g/l PPO + 0,08 g/l bis MSD 10 ml of scintillator was placed in a vial made of low-potassium glass. The liquid scintillator works together with two photomultipliers of EMI 9634 QR type.

For detection of γ radiation a crystal was used, which had the dimension of $1^3/_4 \times 2''$ working with photomultiplier EMI 6097 B.

The detector together with photomultipliers make a triple scintillation head, which is presented in Fig. 4.

The triple scintillation head co-operates with the electronic system presented in Fig. 5

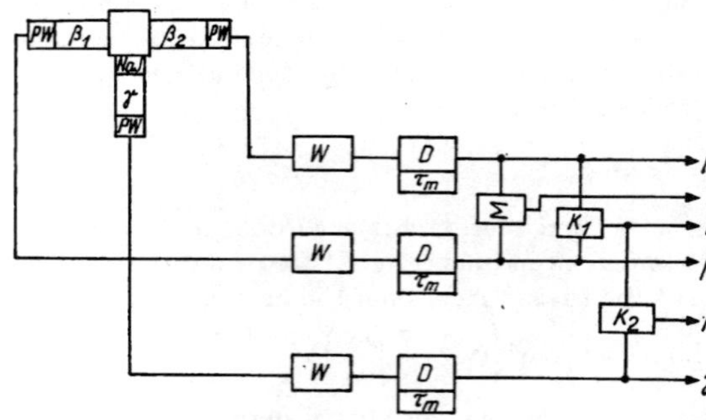

Fig. 5. Block diagram of counting equipment

W – amplifiers; D – analyser; τ_m – dead time units in channels; K_1 – the primary coincidence unit; K_2 – the secondary coincidence unit; Σ – the sum unit of beta pulses

Fig. 6 presents the anode differential characteristics of β, α channel of the primary coincidence for ^{60}Co, ^{241}Am, ^{32}P, and ^{3}H.

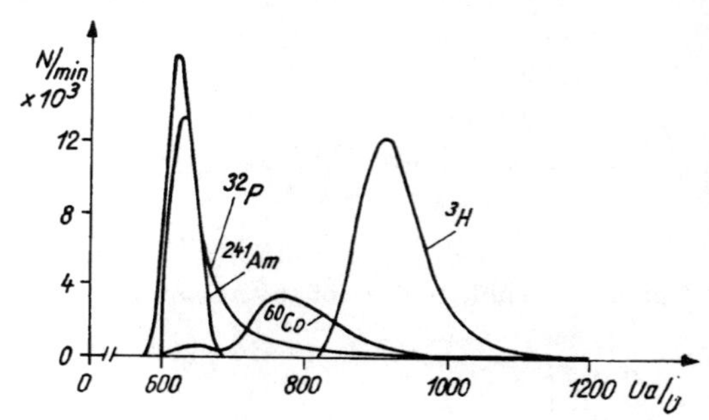

Fig. 6. Anode differential characteristics of the primary coincidence of β channel

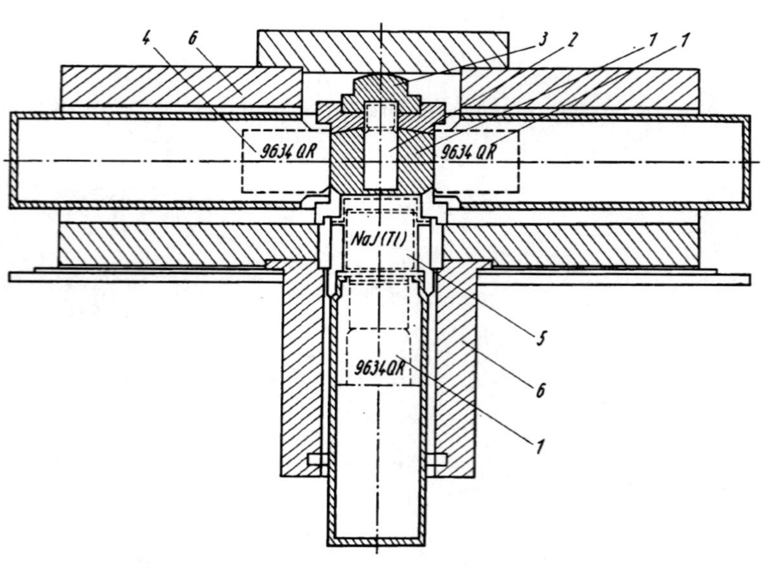

Fig. 4. Scintillation head unit

1 – light pipe; 2 – counting vial with liquid scintillator; 3,6 – shields; 4 – photomultipliers; 5 – NaJ/Tl crystal

It should be noticed here, that in opposition to the anode differential charcateristics of separate β_1 and β_2 channels, the characteristics of β_1 and β_2 coincidences even at high voltages applied to photomultipliers do not show any spurious pulses.

Basing on anode differential characteristics the working conditions of β channel were determined. The high voltage applied to the photomultipliers was 1300 V for β particles, and 750 V for α particles of ^{241}Am. Discrimination threshold in β- and α-channels were 1,3 V, and the window of the analyser was 9 V.

The γ channel comprises the registration of the photopeak.

The pulses amplification in all channels was 16 dB.

In order to obtain the straight lines determining a dependence of N_0 on $\frac{1-\varepsilon_\beta}{\varepsilon_\beta}$.

ε_β was changed by the change of high voltage in β channels.

The results of the radioactive concentration measurements of ^{60}Co, ^{241}Am, and ^{32}P carried out with the use of the method discussed in this work, are estimated an the basis of the extrapolation curves shown in figures 7 to 10 and presented in the table below.

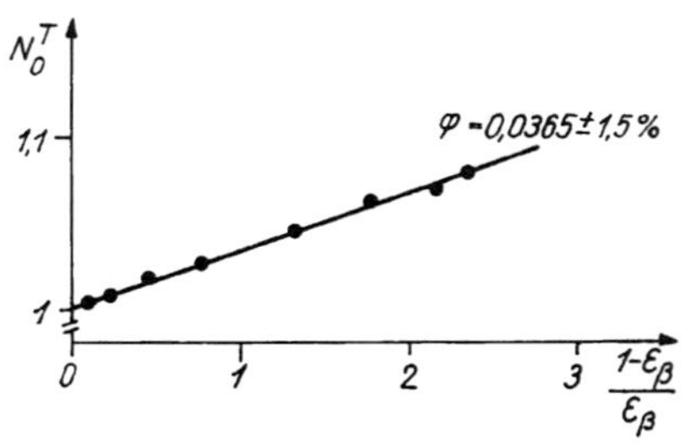

Fig. 7. Dependence of N_0 (relative units) on $\frac{1-\varepsilon_\beta}{\varepsilon_\beta}$ for ^{60}Co

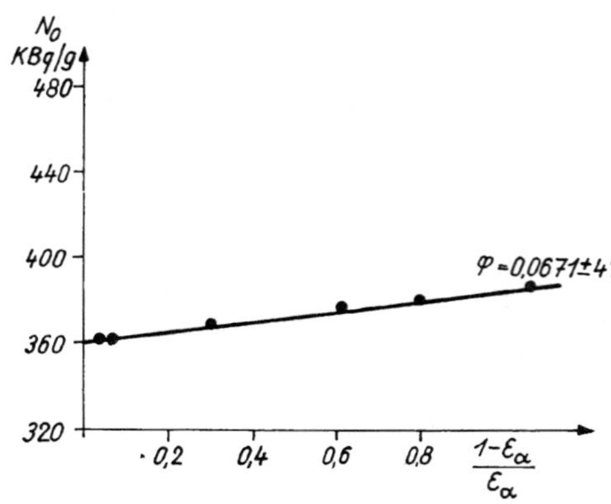

Fig. 8. Dependence of N_0 on $\frac{1-\varepsilon_\alpha}{\varepsilon_\alpha}$ for ^{241}Am

Radionuclide	$\varepsilon_{\beta,\alpha}$ %	ε_γ %	A_0 kBq/g	Random error %	Systematic error %	Total error of measurement %
^{60}Co	92	7	40,11	0,4	0,1	0,5
^{241}Am	99	6	361,7	0,7	0,1	0,8
^{32}P	98	—	42,02	0,6	0,1	0,7

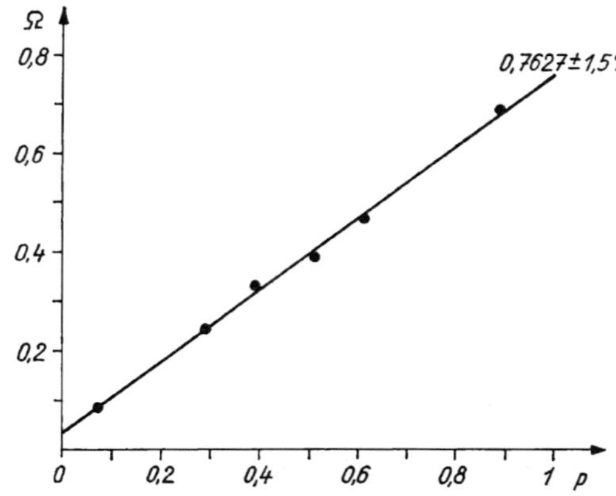

Fig. 9. Dependence of Ω on p for ^{60}Co + ^{32}P

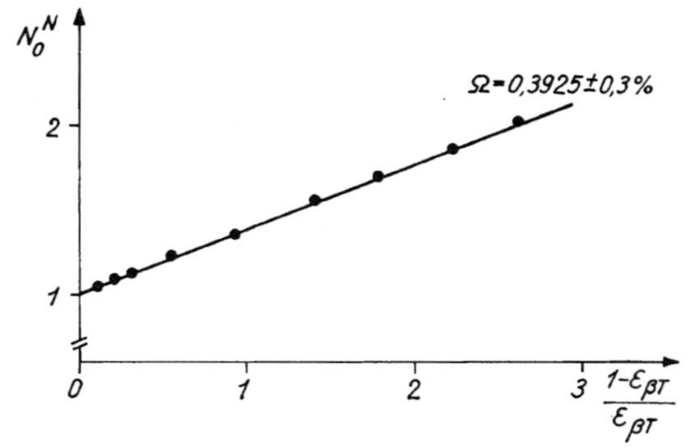

Fig. 10. Dependence of N_0 (relative units) on $\frac{1-\varepsilon_{\beta T}}{\varepsilon_{\beta T}}$ for ^{60}Co + ^{32}P (p = 0,5119)

The radioactive concentrations of ^{60}Co and ^{32}P have been determined basing on the measurements of five sources, and for ^{241}Am — of eight sources.

The error of measurement was given on the confidence level of 0.99.

The measurement of ^{32}P has been carried out by means of ^{60}Co tracer, and ε_β efficiency for ^{32}P has been determined according to formula (20) (Chapter 3). The masses of the sources ranged from 0.01 g to 0.1 g.

5. Conclusions

The method of measurement and the system of detection described in this work give the possibilities of the absolute measurements of radioactive concentrations of various radionuclides, in this also pure β emitters with the use of tracer technique.

The derived formulae are of a general character, and a total correction factor determined experimentally contains all the correction necessary coincidence methods, in this also the correction for complexity of the decay scheme.

The correction factor determined experimentally in the act of measuring the activity secures full absoluteness of radioactive measurement.

The high accuracy of the correction factor determination can be achieved by increasing the statistics of measuring points.

The two—stage coincidence enables to eliminate a correction connected with spurious pulses.

The error of radioactive concentrations determined by means of the discussed method does not exceed 1% at the confidence level of 0.99.

Received July 23, 1980

Über absolute Aktivitätsmessungen radioaktiver Gase mit einem Mehrelektrodenzählrohr

J. Mitsch, H. Greupner, H. Rothe

(Amt für Standardisierung, Meßwesen und Warenprüfung (ASMW), Fachabteilung Ionisierende Strahlung, Berlin)[1])

D. Modes

(Zentralinstitut für Isotopen- und Strahlenforschung, Leipzig)[2])

Für die Absolutbestimmung der Aktivität radioaktiver Gase wurde ein neuartiges Zählrohr entwickelt und erfolgreich erprobt, dessen geometrisches Volumen mit dem effektiven Zählvolumen übereinstimmt. Erreicht wurde dies durch den Einbau von je 6 ringförmigen Feldführungselektroden in die Endisolatoren, mit deren Hilfe die sonst auftretenden Störungen des elektrischen Feldes im Bereich der Zählrohrenden überwunden werden. Die Erprobung erfolgte durch direkten Vergleich mit der als Normalmeßeinrichtung des ASMW für radioaktive Gase dienenden Kompensationszählrohranordnung unter Verwendung der Nuklide ^{3}H, ^{14}C und ^{85}Kr. In allen Fällen stimmen die mit den beiden Detektorsystemen erhaltenen Meßergebnisse im Rahmen der Meßunsicherheiten überein. Die Ergebnisse zeigen, daß die zeitaufwendigen Messungen zur Korrektion der Endeffekte, die bei den bisherigen Verfahren der internen Gaszählung notwendig sind, bei dem neuen Zählrohrtyp, dem Mehrelektrodenzählrohr, entfallen können.

Keywords

absolute counting; counting tubes; ionization gages, radioactive gases; radioactivity

1. Einleitung

Die gegenwärtig genaueste und allgemein angewandte Meßmethode zur absoluten Aktivitätsbestimmung gasförmiger β-Strahler ist die interne Gaszählung [1]. Sie ist dadurch charakterisiert, daß sich die zu messende Probe in gasförmigem Zustand — gemischt mit dem Zählgas — innerhalb des Detektors befindet. Als Detektoren finden überwiegend zylindrische Proportionalzählrohre Anwendung. Ihr prinzipieller Aufbau besteht aus einer zylindrischen Katode, die konzentrisch den Anodendraht umgibt. Sie werden im Proportionalbereich betrieben, in dem die Amplituden der im Zählrohr entstandenen Gasentladungsimpulse proportional zur Primärionisation durch die β-Teilchen sind.

Der internen Gaszählung haftet jedoch eine Reihe von Fehlerquellen an, bedingt sowohl durch die Konstruktion der Detektoren als auch durch physikalische und chemische Eigenschaften der eingesetzten Materialien und Meßgasmischungen [2]. Ihrem Betrag nach die bedeutendsten sind die sogenannten Endeffekte. Sie umfassen alle jene Einwirkungen auf die unmittelbar gemessene Zählrate, die mit den Zählrohrenden zusammenhängen.

2. Feldstörungen und Endeffekte in zylindrischen Zählrohren

An den Zählrohrenden werden durch die konstruktiv bedingten, ioslierten Zähldrahthalterungen Feldinhomogenitäten verursacht, die zu einer schwer kontrollierbaren Herabsetzung der Nachweiswahrscheinlichkeit des Detektors führen. Diese Feldstörungen reichen bis zu einem Abstand von 1 Zählrohrradius in das Zählrohr hinein [3]. Sie bewirken, daß das effektive Volumen des Zählrohres in keiner exakten Beziehung zur Zähldrahtlänge, d. h. zum geometrischen Detektorvolumen steht. Darüber hinaus entsteht in dem genannten Bereich durch die Feldinhomogenität ein Gebiet, in dem der ansonsten konstante Gasverstärkungsfaktor starken Schwankungen unterliegt und bis zu kleinen Werten abfällt. Das ist die Hauptursache für die Plateausteigung der Zählrohre, denn mit wachsender Zähldrahtspannung erhöht sich hier mit steigendem Gasverstärkungsfaktor das effektive Volumen, d. h. die Nachweiseffektivität (siehe hierzu Abb. 1a).

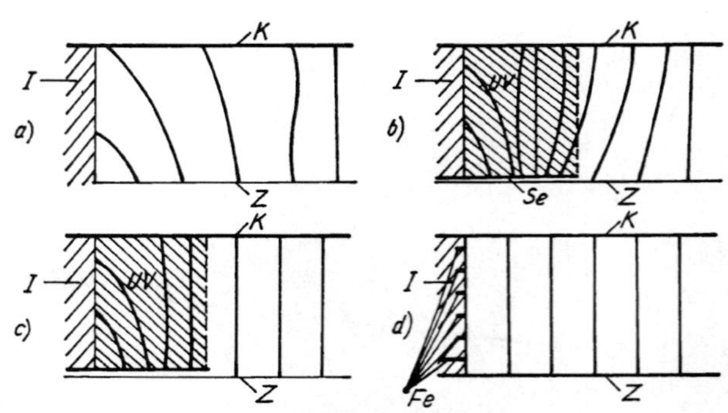

Abb. 1. Schematische Darstellung des Feldlinienverlaufes an den Enden zylindrischer Proportionalzählrohre
a) mit ungeschütztem Zähldraht
b) mit zylindrischer Schutzelektrode, die sich auf dem Potential des Zähldrahtes befindet
c) mit einer auf berechneten Potentialwert gelegten zylindrischen Feldelektrode
d) mit einem System ringförmiger Feldelektroden im Endisolator an die zur Feldhomogenisierung geeignete Potentialwerte, angelegt sind

K-Kathode; I-Isolator; Fe-Feldelektrodenringe; Z-Zähldraht; UV-unempfindliches Volumen; SE-Schutzelektrode

Für Aktivitätsmessungen mit hohem Genauigkeitsanspruch werden daher meist Zählrohre mit zylindrischen Feld- oder Schutzelektroden zur Feldführung und/oder Abschirmung des Zähldrahtes an den Zählrohrenden verwendet [4—7]. Sie verursachen jedoch ihrerseits entspre-

Anschriften: 1162 Berlin, Fürstenwalder Damm 388; 7050 Leipzig, Permoserstr. 15

chend der Elektrodenlänge im Zählrohr unempfindliche Endvolumina (siehe Abb. 1 b u. c), die ebenfalls mit der Meßprobe gefüllt sind. Sie stehen mit dem eigentlichen empfindlichen Volumen zwischen den Elektroden durch Einstrahlung in Wechselwirkung und verursachen somit wiederum Endeffekte. Ihrem Betrag nach sind sie jedoch geringer, und zudem besitzen Zählrohre mit solchen Elektrodenanordnungen auch bessere Plateaueigenschaften. Die Korrektion dieser Endeffekte erfolgt im allgemeinen entweder über Messungen mit 2 bis 4 unterschiedlich langen Zählrohren gleichen Aufbaus [2, 8] oder mit einem Zählrohr variabler Länge [9, 10] nach der Kompensations- oder Extrapolationsmethode [11, 12].

3. Aufbau und Funktionsweise des Mehrelektrodenzählrohres

Ausgehend von der bereits 1951 von *A. L. Cockroft* und *S. C. Curau* [10] vertretenen Ansicht, daß durch eine Reihe von konzentrisch den Zähldraht umgebenden „Feldführungsrohren“ ein weitgehend homogenes Feld auch an den Zählrohrenden geschaffen werden könnte (siehe Abb. 1d), wurde ein sogenanntes Mehrelektrodenzählrohr (MZR) konstruiert und gebaut. Es besteht aus einem Stahlzylinder mit Endflanschen, zwei als Feldführungsköpfe gestalteten Endisolatoren, einem elektronischen Einbauteil zur Spannungsversorgung und Auskopplung der Impulse sowie einem Spannungsteiler für die Erzeugung der Feldführungspotentiale. In Abb. 2 ist das MZR als schematischer Längsschnitt wiedergegeben.

Die Innenoberfläche des Stahlzylinders ist zur Herabsetzung der Sorptions- und Wandeffekte nach einem speziellen Rollverfahren geglättet und besitzt eine 10 µm dicke Goldauflage. Der Stahlzylinder und die beiden Elektrodenköpfe sind durch vakuumgerechte Flanschverschraubungen miteinander verbunden. Die Feldführungsköpfe bestehen aus Epoxidharz, in die in regelmäßigen Abständen Messingringe nebst den elektrischen Zuleitungen vakuumdicht eingegossen sind (siehe hierzu auch Abb. 3). Bis auf den innersten Ring (0,5 mm stark) haben die Feldführungsringe eine Dicke von 1 mm. Mittels eines Spannungsteilers kann jede der 6 Feldelektroden auf ein definiertes Potential gelegt werden. Zähldraht und Spannungsteiler haben eine gemeinsame Spannungsversorgung, so daß automatisch stets konstante Potentialverhältnisse zwischen Zähldraht und den Feldführungselektroden bestehen. Da die Feldelektrodenköpfe selbst den geometrischen Zählrohrabschluß bilden, werden unempfindliche Zählrohrvolumina und die damit verbundenen Einstrahlungseffekte vermieden. Von der Konzeption her waren somit alle Voraussetzungen dafür geschaffen, daß geometrisches und effektives Zählvolumen übereinstimmen und somit das Zählrohr endeffektfrei arbeitet.

Abb. 3. Fotografische Aufnahme des Endisolators mit den eingebauten ringförmigen Feldelektroden

4. Erprobung des MZR und Meßergebnisse

Um alle mit einer separaten Meßprobenherstellung zusammenhängenden Fehlerquellen auszuschalten, wurde das MZR direkt als „Nebendetektor“ an die vorhandene

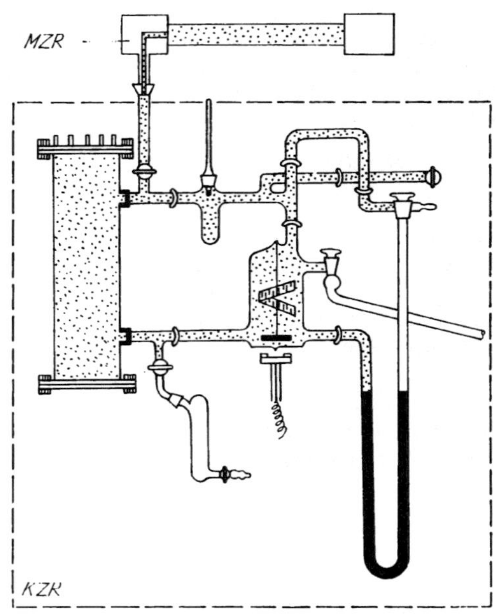

Abb. 4. Schematische Darstellung des Vergleichsanschlusses des MZR an die Normalmeßeinrichtung des ASMW für radioaktive Gase

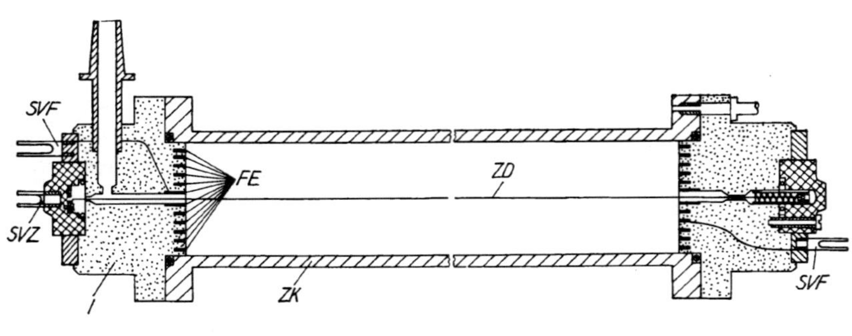

Abb. 2. Schematischer Längsschnitt durch das Mehrelektrodenzählrohr
FE Feldelektroden; ZD Zähldraht; ZK Zählrohrkatode, SVF Spannungsversorgung der Feldelektroden; I Isolator; SVZ Spannungsversorgung des Zähldrahtes

Tab. 1. Zusammenstellung der Ergebnisse der Vergleichsmessungen

Nuklid	Detektorsystem		Abweichung KZR zu MZR %
	Mehrelektrodenzählrohr	Kompensationszählrohr	
	Aktivität MBq	Aktivität MBq	
^{3}H	4,95 ± 0,05 (P = 95%)	4,95 ± 0,05 (P = 95%)	±0
^{14}C	1,58 ± 0,02 (P = 95%)	1,58 ± 0,02 (P = 95%)	±0
^{133}Xe*)	8,39 ± 0,07	8,38 ± 0,08	−0,13
^{85}Kr*)	7,10 ± 0,06	7,13 ± 0,07	+0,4
	12,30 ± 0,11	12,30 ± 0,12	±0
	49,18 ± 0,44	49,04 ± 0,49	−0,3

*Einzelmessungen

Normalmeßeinrichtung des ASMW für radioaktive Gase [13, 14] angeschlossen (siehe Abb. 4). Auf diese Weise kommen für beide Detektorsysteme, das Kompensationszählrohrsystem (KZR) und das MZR, Volumenteile derselben Meßprobe unter exakt gleichen Meßbedingungen bezüglich Druck, Temperatur und eventueller Gasverunreinigungen zur Messung. Für die Vergleichsmessungen wurden Gasproben der Radionuklide ^{3}H, ^{14}C, ^{85}Kr und ^{133}Xe eingesetzt, um eventuell auftretende Abhängigkeiten der Meßergebnisse von der β-Teilchenenergie zu erfassen.

Für die Berechnung der spezifischen Aktivität $N_{\text{spez.}}$ der Gasproben aus den MZR-Zählraten wurde folgende einfache Beziehung verwendet:

$$N_{\text{spez}} = \frac{N_r \cdot V_G}{V_{\text{MZR}} \cdot v \cdot t}$$

Hierin bedeuten N_r die hinsichtlich Nulleffekt, Totzeit und unterer Energienachweisgrenze korrigierte Zählrate in der Meßzeit t, V_G das gesamte Volumen des Meßkreises, V_{MZR} das geometrische Volumen des MZR und v das Volumen der eingebrachten Probe. Die Auswertung der KZR-Meßdaten erfolgte nach dem in [13] beschriebenen Extrapolationsverfahren mittels eines Rechenprogramms.

In Tab. 1 sind die Ergebnisse aller Vergleichsmessungen beider Detektrosysteme gegenübergestellt. Die sehr gute Übereinstimmung der Meßresultate des MZR mit der Normalmeßeinrichtung — unabhängig von der Strahlungsenergie — stell einen überzeugenden Beweis für die praktisch endeffektfreie Arbeitsweise des untersuchten Mehrelektrodenzählrohres dar. Die auftretenden geringen Abweichungen liegen in allen Fällen innerhalb der jeweiligen Meßunsicherheiten.

Eingegangen am 23. 7. 1980

Literatur

[1] *W. B. Mann, A. Spernol*, IJARI 15 (1964) 628
[2] *A. Spernol*, Standardization of Radionuclides, Proc. Symp. IAEA Vienna 1967, 277
[3] *K. Hogrebe*, Metrology of Radionuclides, Proc. Symp. Vienna 1959, 301
[4] *P. Benoit-Catin, D. Blaue*, Nuclear Instr. and Meth. 17 (1962) 171
[5] *A. Spernol, B. Denecke*, Intern. I. Appl. Radiation and Isotopes 15 (1964) 139, 195, 241
[6] *D. Modes, H. Koch, M. Rösseler*, Nucleonik 10 (1967) 49
[7] *M. Hadzisehovic, I. Mocilnik, D. I. Bek-Vzavov*, Nuclear Instr. and Meth. 112 (1973) 69
[8] *S. B. Garfinkel, W. B. Mann, F. I. Schima, M. P. Unterweger*, Nuclear Instr. and Meth. 112 (1973) 59
[9] *W. I. Albul, W. G. Baranow*, Pribory i Technika Exp. 2 (1972) 43
[10] *A. L. Cockroft, S. C. Currau*, Rev. Science Instr. 22 (1951) 37
[11] *W. Bernstein, R. Ballentim*, Rev. Sci. Instr. 21 (1950) 158
[12] *J. K. Eidinoff*, Anal. Chem. 23 (1951) 632
[13] *J. Mitsch*, Isotopenpraxis 13 (1977) 373
[14] TGL 31542/10 Staatliche Etalons; Staatliches Etalon der Einheit der Aktivität von gasförmigen radioaktiven Strahlungsquellen

Ergebnisse internationaler Vergleiche auf dem Gebiet der Aktivitätsmessung und künftige Aktivitäten

R. Brust, E. Schönfeld, H. Greupner

(Amt für Standardisierung, Meßwesen und Warenprüfung (ASMW) Fachabteilung Ionisierende Strahlung)[1])

Es wird ein Überblick über die Teilnahme des ASMW an internationalen Vergleichen auf dem Gebiet der Messung der Aktivität von Radionukliden in Strahlungsquellen gegeben, die in den letzten zehn Jahren im Rahmen der Tätigkeit des BIPM und in Realisierung der wissenschaftlich-technischen Zusammenarbeit der RGW-Länder in den Ständigen Kommissionen des RGW für Standardisierung (SKS) und für die friedliche Nutzung der Atomenergie (SKA) organisiert worden sind. Ausgehend von einer kurzen Einschätzung der Ergebnisse dieser Vergleichsmessungen werden Vorschläge für zukünftige Aktivitäten auf diesem Gebiet der internationalen Vergleiche abgeleitet.

Keywords

BIPM; calibration; CMEA; international cooperation; radioactivity; radioisotopes

1. Einleitung

Die Komplexität des radioaktiven Zerfalls und der nur indirekte meßtechnische Zugriff zur Größe Aktivität haben in den metrologischen Staatsämtern, die für die definitionsgemäße Darstellung der Aktivitätseinheit und ihre richtige Übertragung auf Normale niederer Ordnung und Arbeitsmeßmittel verantwortlich sind, zur Entwicklung von Sätzen von Normalmeßeinrichtungen und zur Erarbeitung und Erprobung einer Vielzahl von Meßmethoden geführt. Das Hauptanliegen internationaler Vergleichsmessungen ist es, den beteiligten Institutionen die Möglichkeit zur Überprüfung der Richtigkeit der von ihnen entwickelten Normale und Normalmeßeinrichtungen sowie der zur Anwendung kommenden Meßmethoden zu geben. Für die metrologischen Staatsämter der RGW-Länder, deren Normale Bestandteile entsprechender RGW-Etalons sind, ergibt sich die konkrete Verpflichtung zur Teilnahme an internationalen Vergleichen aus den Regeln für die Aufbewahrung und Anwendung der RGW-Etalons, die die regelmäßige Durchführung von Vergleichsmessungen vorsehen, im allgemeinen nicht seltener als einmal in drei Jahren.

Tab. 1 gibt eine Übersicht über die Vergleiche auf dem Gebiet der Aktivitätsmessung, die in den letzten 10 Jahren im Rahmen der Tätigkeit des Bureau International des Poids et Mesures (BIPM), der Ständigen Kommission für Standardisierung des RGW (SKS) sowie der Ständigen Kommission des RGW für die friedliche Nutzung der Atomenergie (SKA) durchgeführt worden sind und an denen sich das ASMW beteiligt hat. Weiterhin sind die Nuklide angeführt, für die vom ASMW radioaktive Normallösungen im Rahmen des Internationalen Referenzsystems des BIPM für die Messung der Aktivität von γ-strahlenden Nukliden (SIR) eingeschickt worden sind.

Tab. 1. Übersicht über internationale Vergleiche auf dem Gebiet der Messung der Aktivität von Radionukliden unter Beteiligung des ASMW

BIPM	SKS-RGW	SKA-RGW
1976 ^{139}Ce	1973 ^{137}Cs	1973 ^{54}Mn
1978 ^{134}Cs	1975 ^{90}Sr	1973 ^{55}Fe
	1978 ^{85}Kr	1976 ^{109}Cd
	1979 ^{241}Am	1977 ^{125}I
		1978 ^{99}Mo

Beteiligung des ASMW am Internationalen Referenzsystem für die Messung der Aktivität γ-strahlender Nuklide (SIR)

^{54}Mn (1976), ^{60}Co (1976), ^{22}Na (1977), ^{57}Co (1977), ^{65}Zn (1977), ^{125}I (1977), ^{133}Ba (1978), ^{137}Cs (1978), ^{88}Y (1980)

Im folgenden soll anhand von vier ausgewählten Beispielen mit den Gesichtspunkten bekanntgemacht werden, die zur Auswahl des jeweiligen Nuklids geführt haben, mit den Besonderheiten der Meßmethode, der Analyse der Vergleichsergebnisse sowie den daraus erkennbaren Problemen, die ihrerseits Hinweise in Hinblick auf die Durchführung von zukünftigen Aktivitätsvergleichen geben.

2. ^{134}Cs-Aktivitätsvergleich (BIPM, 1978)

An diesem Vergleich haben sich 24 Institutionen beteiligt, davon sechs aus dem RGW-Bereich.

2.1. Gesichtspunkte für die Auswahl des Nuklids

Bei dem Nuklid ^{134}Cs handelt es sich um einen komplexen β-γ-Strahler, dessen Zerfallsschema einen niederenergetischen β-Übergang von 88,6 keV enthält, der mit 27,4% zum Zerfall beiträgt. Die Hauptmeßmethode ist eine 4πβ-γ-Koinzidenzmessung mit Extrapolation der β-Nachweiswahrscheinlichkeit, ε_β, auf eins. Der Vergleich bietet somit die Möglichkeit, die Anwendbarkeit der Extrapolationsmethode im Falle einer Verzweigung mit einer niederenergetischen β-Komponente zu überprüfen. Da die Qualität der Meßstrahlungsquellenherstellung einen entscheidenden Einfluß auf die Größe der Selbstabsorption der β-Strahlung in der Quelle besitzt und damit auf den minimalen Abstand, den der ε_β-Wert des letzten Extrapolationspunktes vom Wert eins hat, ist somit auch eine kritische Einschätzung des Standes der Herstellungstechnologien für die Meßstrahlungsquellen bei den Teilnehmern gegeben. Weiterhin kann man eine Aussage über die Eignung der zur Änderung der β-Nachweiswahrscheinlichkeit eingesetzten Methoden erwarten. Ein praktischer Aspekt für die Auswahl von ^{134}Cs ist der Umstand, daß dieses Nuklid häufig als Tracer in Verbindung mit der Efficiency-Tracer-

[1]) Anschrift: DDR-1162 Berlin, Fürstenwalder Damm 388

Technique benutzt wird, worauf bei den Ausführungen zum ^{137}Cs-Vergleich noch eingegangen wird.

2.2. *Durchführung des Vergleichs und Analyse der Vergleichsergebnisse*

Wie einem vorläufigen Bericht des BIPM zu entnehmen ist, sind die Messungen in der Mehrzahl der Fälle als 4πβ-γ-Koinzidenzmessungen unter Verwendung eines Normaldruckproportionalzählrohrs und Extrapolation auf $\varepsilon_\beta = 1$ durchgeführt worden. Das Ergebnis des Vergleichs kann insgesamt als sehr gut eingeschätzt werden, da bis auf eine Ausnahme die Werte der Teilnehmer um nicht mehr als $\pm$ 0,4% von dem formellen arithmetischen Mittelwert abweichen.

Im ASMW wurde die Extrapolation auf $\varepsilon_\beta = 1$ sowohl linear als auch nichtlinear ausgeführt. Im Extrapolationsintervall von $\varepsilon_\beta = 0{,}8$ bis 1 waren keine signifikanten Abweichungen von der Linearität feststellbar. Nimmt man Meßpunkte bis $\varepsilon_\beta = 0{,}5$ zur Extrapolation hinzu, so liefert das angewandte *Fitting*-Verfahren einen gesicherten Wert für den Koeffizienten des quadratischen Terms, wenn auch die Lösung in zunehmendem Maße instabil wird. Aus diesem Sachverhalt ergibt sich die Frage, ob man sich auf das erstgenannte Extrapolationsintervall mit gesicherter Linearität, jedoch wenigen Meßpunkten beschränken oder unter Hinzuziehung weiterer Meßpunkte auf eine quadratische Extrapolation übergehen sollte. Die im ASMW gesammelten Erfahrungen bei der Anwendung der Extrapolationsmethode zur absoluten Aktivitätsbestimmung geben der ersten Variante den Vorzug.

3. ^{137}Cs-Aktivitätsvergleich (SKS-RGW, 1973)

Bereits zu einem frühen Zeitpunkt der wissenschaftlich-technischen Zusammenarbeit der RGW-Länder auf dem Gebiet der Metrologie ionisierender Strahlung wurde ein Vergleich der Normalmeßeinrichtungen zur Darstellung der Aktivitätseinheit mittels einer ^{137}Cs-Lösung durchgeführt. An diesem Vergleich beteiligten sich das OMH (UVR), WNIIM (UdSSR), UVVVR (ČSSR) und das ASMW (DDR)[2]).

3.1. *Gesichtspunkte für die Auswahl des Nuklids*

Bei dem Nuklid ^{137}Cs handelt es sich um einen β-γ-Strahler mit einem isomeren Übergang, was die Anwendbarkeit der Koinzidenzmethode in ihrer klassischen Form ausschließt. Am aussichtsreichsten wird in diesem Fall die Efficiency-Tracer-Technique (ETT) eingesetzt, über deren Grundlagen und Anwendung im ASMW bei absoluten Aktivitätsbestimmungen bereits in [1] ausführlich informiert wurde. Ein anderer Weg der Aktivitätsbestimmung führt über eine 4πβ-Messung mit anschließender Korrektion bezüglich Selbstabsorption in der Meßstrahlungsquelle und Absorption in der Quellenunterlage. Bei beiden Methoden ist eine Korrektion für den Beitrag der verzögert emittierten Konversionselektronen des Gammaüberganges zur Zählrate im Betakanal anzubringen.

Als praktischer Gesichtspunkt für die Auswahl von ^{137}Cs sei nur seine umfassende Anwendung insbesondere in umschlossenen Strahlungsquellen genannt, woraus konkrete Forderungen bezüglich des Anschlusses dieser Strahlungsquellen an die Aktivitätseinheit mit einer für den Anwendungszweck notwendigen Genauigkeit ableitbar sind.

[2]) OMH – Staatliches Amt für Metrologie, Budapest; WNIIM – Forschungsinstitut für Metrologie „D. I. Mendelejew", Leningrad; UVVVR – Institut für die Untersuchung, Herstellung und Anwendung von Radioisotopen, Prag

3.2. *Durchführung des Vergleichs und Analyse der Vergleichsergebnisse*

Drei der beteiligten Institutionen wendeten die Efficiency-Tracer-Technique an, während in einem Fall eine 4πβ-Messung mit entsprechenden Korrektionen durchgeführt wurde. Die Vergleichsergebnisse sind in Abb. 1 dargestellt. Bei Meßunsicherheiten von etwa 1,4% für die Ergebnisse kann die Übereinstimmung als gut eingeschätzt werden. Das betrifft insbesondere die Ergebnisse der Efficiency-Tracer-Messungen, deren Maximalabweichung zueinander nur 0,36% beträgt. Auffällig ist der um etwa 1% niedrigere Wert im Falle der 4πβ-Messung, was auf eine mögliche unvollständige Korrektur der Selbstabsorptionsverluste hindeutet. Im ASMW wurden bei diesem Vergleich sowohl ^{60}Co als auch ^{134}Cs als Tracernuklide eingesetzt. Während ^{134}Cs den Vorteil des gleichen chemischen Verhaltens wie ^{137}Cs hat, bereitet die saubere Abtrennung der 796-keV-γ-Linie des ^{134}Cs von der 662-keV-γ-Linie des ^{137m}Ba im γ-Kanal, die für die Messung der Aktivität des Tracernuklids notwendig ist, mitunter Schwierigkeiten. Mit dem Einsatz von ^{60}Co als Tracernuklid sollte die Möglichkeit der Anwendung dieses Nuklids als Universaltracer, worauf in der Literatur mehrfach hingewiesen wird, überprüft werden. Die im ASMW erhaltenen Ergebnisse zeigten keine signifikanten Unterschiede für die beiden Tracernuklide, so daß auch bei der Anwendung der Efficiency-Tracer-Technique für andere Nuklide mit Erfolg auf ^{60}Co als Tracer zurückgegriffen wurde.

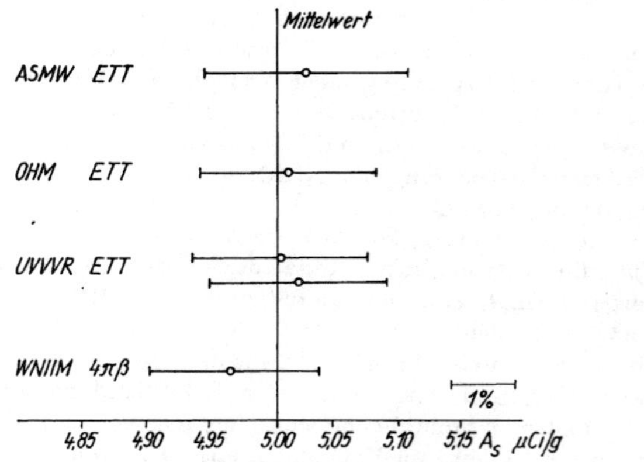

Abb. 1. ^{137}Cs-Aktivitätsvergleich (SKS-RGW, 1973)
ETT: Efficiency-Tracer-Technique, 4πβ: 4πβ-Messung

4. ^{99}Mo-Aktivitätsvergleich (SKA-RGW, 1978)

Ein Vergleich mit hohem Schwierigkeitsgrad und einer Reihe von Besonderheiten wurde 1978 im Rahmen der Tätigkeit der SKA mit der Aktivitätsmessung für eine ^{99}Mo-Lösung durchgeführt. An diesem Vergleich beteiligten sich das OMH (UVR), IBJ (VRP), IFIN (SRR) RI (UdSSR), UVVVR (ČSSR) und das ASMW (DDR).[3])

4.1. *Gesichtspunkte für die Auswahl des Nuklids*

Das Nuklid ^{99}Mo besitzt ein sehr komplexes Zerfallsschema (11 β-Übergänge, 31 γ-Übergänge), dessen Besonderheit darin besteht, daß ein γ-Übergang nicht zu dem metastabilen Zustand des ^{99m}Tc führt, sondern direkt auf den Grundzustand des Folgenuklids ^{99}Tc. Damit ist die Anwendung einfacher Methoden der 4πβ-Zählung bzw. 4πβ-γ-Koinzidenzmessung nicht möglich. Neben diesem

[3]) IBJ – Institut für Kernforschung, Świerk; IFIN – Institut für Kernphysik und Kerntechnik, Bukarest; RI – Radium-Institut „V. G. Chlopin", Leningrad

methodischen Gesichtspunkt wurde bei der Auswahl von ^{99}Mo auch seine praktische Bedeutung als Generatornuklid für ^{99m}Tc berücksichtigt, das in der Nuklearmedizin für verschiedene Zwecke eingesetzt wird.

Die kurze Halbwertszeit des ^{99}Mo von nur 66 h stellte erhöhte Anforderungen an die Organisation des Vergleichs, was sowohl den Versand der Lösungen als auch die Durchführung der Messungen betraf. In diesem Zusammenhang wurde auch eine relativ hohe Aktivitätskonzentration der Lösung zum Versanddatum vorgewählt. Dies erforderte jedoch bei den Vergleichsteilnehmern mit früheren Meßdaten starke Verdünnungen der Meßlösungen mit den bekannten Gefahrenmomenten solcher Verdünnungen.

4.2. *Durchführung des Vergleichs und Analyse der Vergleichsergebnisse*

In allen Fällen kann die $4\pi\beta$-γ-Koinzidenzmethode mit Extrapolation bzw. Korrektur auf $\varepsilon_\beta = 1$ zur Anwendung. Der Beitrag der Konversionselektronen der ^{99m}Tc-γ-Übergänge zur Zählrate im β-Kanal wurde rechnerisch berücksichtigt. Die hierfür erforderlichen Werte der Nachweiswahrscheinlichkeiten für diese Konversionselektronen wurden mit Hilfe reiner ^{99m}Tc-Quellen experimentell bestimmt.

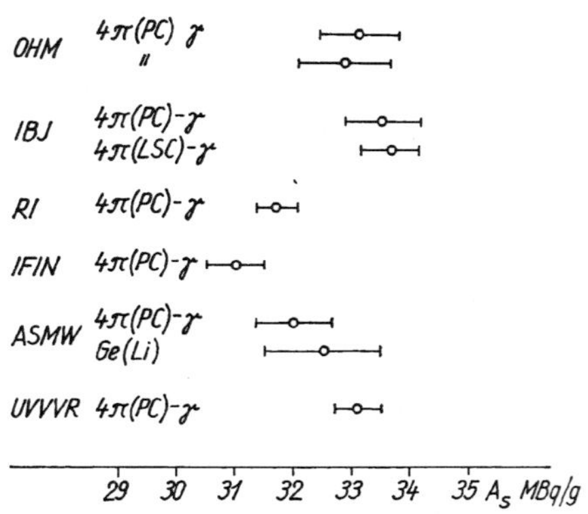

Abb. 2. ^{99}Mo-Aktivitätsvergleich (SKA-RGW, 1978)
4π(PC)-γ, 4π(LSC)-γ: $4\pi\beta$-γ-Koinzidenzmessung mit Proportionalzählrohr bzw. Flüssigkeitsszintillationszähler
Ge(Li): Messung mit kalibriertem Halbleiterspektrometer

Die Ergebnisse des Vergleichs sind in Abb. 2 dargestellt. Die Abweichung zwischen kleinsten und größtem Wert der Aktivitätskonzentration beträgt etwa 8% und zeigt keine Überlappung der Werte innerhalb der abgeschätzten Fehlergrenzen, was nicht befriedigen kann. Die Behandlung der Vergleichsergebnisse sowie einer Reihe von möglichen Ursachen für die erhebliche Streuung der Aktivitätswerte auf einer Spezialistenberatung ergab, daß eine Aufklärung der Fehlerquellen rückschließend nicht möglich ist. Es wurde deshalb die Empfehlung ausgesprochen, den Vergleich zu einem späteren Zeitpunkt zu wiederholen.

5. ^{57}Co-Aktivitätsmessung im Rahmen des SIR

Mit dem abschließenden Beispiel aus dem Internationalen Referenzsystem des BIPM für die Messung der Aktivität γ-strahlender Nuklide (SIR) soll auf die Notwendigkeit einer genauen Kenntnis möglicher radioaktiver Verunreinigungen in den zu messenden Proben hingewiesen werden. Das Prinzip des SIR besteht darin, daß für jede an das BIPM eingesandte Normallösung in einer definierten Quellenkonfiguration mit ein und derselben Ionisationskammermeßeinrichtung eine auf eine Radiumstrahlungsquelle bezogene sogenannte „äquivalente" Aktivität, A_e, nach der Beziehung

$$A_e = A_s I_R / I_s \qquad (1)$$

bestimmt wird. Dabei bedeuten

A_s: die vom Einsender der Lösung gemessene Aktivität der Probe;

I_R, I_s: die Ionisationsströme für die Radium-Bezugsquelle bzw. für die eingesandte Probe.

Die Teilnehmer an diesem Referenzsystem haben durch Vergleich des für ihre Probe ermittelten Wertes von A_e mit den entsprechenden Werten anderer Institutionen die Möglichkeit, die Richtigkeit ihrer absoluten Aktivitätsmessungen zu kontrollieren.

Wie bereits früher gezeigt wurde [2, 3], ist ein Beitrag einer radioaktiven Verunreinigung zum Gesamtionisationsstrom I_s durch eine entsprechende Korrektion zu berücksichtigen. Ihr Wert hängt vom Verunreinigungsgrad als relative Aktivitätsangabe, bezogen auf das Hauptnuklid, und der Kammerempfindlichkeit für die entsprechende Quantenenergie ab.

Tab. 2. ^{57}Co-Aktivitätsmessung im Rahmen des Internationalen Referenzsystems des BIPM (SIR)

Institution	Meßdatum im BIPM	A_e, MBq
NPL (G. B.)	28. 12. 76	168,0 ± 3,4
		167,6 ± 3,4
UVVVR (CSSR)	23. 02. 77	164,2 ± 2,1
OMH (UVR)	15. 06. 77	166,7 ± 0,8
		166,6 ± 0,9
AAEC (Austr.)	12. 01. 78	165,0 ± 2,0
NBS (USA)	23. 07. 78	166,0 ± 1,0
AIEA (intern.)	09. 02. 79	168,6 ± 1,0
		168,3 ± 0,5
LMRI (Frkr.)	09. 04. 79	167,2 ± 0,8
		166,8 ± 0,8
ASMW (DDR)	23. 11. 77	172,6 ± 1,0
		172,6 ± 1,0
ASMW	25. 04. 78	170,5 ± 0,5
		170,5 ± 0,5
ASMW	08. 09. 78	169,8 ± 0,3
		169,8 ± 0,3

Wie aus Tab. 2 zu ersehen ist, ergab sich für die vom ASMW eingesandte ^{57}Co-Lösung zunächst ein offensichtlich zu hoher Wert für die „äquivalente" Aktivität. Die Überprüfung der durchgeführten Aktivitätsmessungen führte zu dem Schluß, daß die Ursache hierfür nur in einer zu ungenauen Bestimmung der Verunreinigung der Probe mit ^{56}Co und ^{58}Co zu suchen sein kann. Obwohl die ermittelten Verunreicnigungsanteile sehr klein sind (^{56}Co: 0,18%; ^{58}Co: 0,04%), werden sie infolge der starken Energieabhängigkeit der Kammeranzeige, die sich beim Übergang von 120 keV Quantenenergie zu 1200 keV um den Faktor 20 erhöht, als höherenergetische Verunreinigungen einen erheblichen Meßeffekt verursachen und somit eine starke Korrektur des gemessenen Gesamtionisationsstromes erfordern. Wie die Wiederholungsmessungen an unserer Lösung im BIPM in der Tendenz bestätigen, die, begründet durch die kürzeren Halbwertszeiten von ^{56}Co und ^{58}Co gegenüber ^{57}Co, durch einen abnehmenden Beitrag dieser Verunreinigungen am Gesamtionisationsstrom ausgezeichnet sind, ist im ASMW ein zu großer Wert für die ^{56}Co-Verunreinigung bestimmt worden. Obwohl sich der letzte

A_e-Wert den Werten der anderen Institutionen angenähert hat, wurde der ASMW-Wert zurückgezogen. Bei dieser Entscheidung ist auch das Ergebnis eines zweiseitigen ^{57}Co-Vergleichs zwischen dem OMH der UVR und dem ASMW unter Anwendung von Absolutmeßmethoden berücksichtigt worden, wo nur ein Unterschied von 0,35% in den Vergleichsergebnissen zu verzeichnen war.

6. Zukünftige Aktivitäten

Auf Anfrage wurden seitens des ASMW dem BIPM für Vergleichsmessungen die Nuklide ^{137}Cs, ^{125}I und ^{169}Yb vorgeschlagen.

Im Falle von ^{137}Cs ist anzunehmen, daß unter Beachtung der Gesichtspunkte und Schlußfolgerungen, die sich aus dem 1973 durchgeführten RGW-Vergleich mit einem erweiterten Teilnehmerkreis außerordentlich nützlich sein wird. Außerdem ist bekannt, daß ein vom BIPM organisierter Vorvergleich mit etwa 10 Teilnehmern zu nicht ganz befriedigenden Ergebnissen geführt hat. Bezüglich der Auswahl von ^{125}I ist keine umfassende Begründung notwendig. Hier sei nur auf die sehr guten Ergebnisse im Rahmen eines RGW-Vergleichs verwiesen [4], bei dem aber auch festgestellt wurde, daß in Verbindung mit der Flüchtigkeit des Iods unerwünschte Effekte auftreten können, die im Rahmen des vorgeschlagenen Vergleichs weiter untersucht werden könnten. Im Falle von ^{169}Yb handelt es sich um einen komplexen Elektroneneinfangstrahler, der insbesondere in der Nuklearmedizin Anwendung findet. Dieser Vergleich würde also, sieht man den bereits durchgeführten Vergleich für ^{139}Ce [5] mit einem sehr einfachen Zufallsschema als einen ersten Schritt an, eine kontinuierliche Weiterführung der Arbeiten auf dem Gebiet der Aktivitätsmessung von Elektroneneinfangstrahlern bedeuten.

Die im Zeitraum von 1981 bis 1985 im Rahmen der Tätigkeit der SKA des RGW durchzuführenden Vergleichsmessungen sind bereits festgelegt. Sie beginnen mit einer Wiederholung des ^{99}Mo-Vergleichs. Weiterhin ist ein Vergleich für ^{51}Cr und ein Vergleich für ^{152}Eu vorgesehen. Den Abschluß dieses Vergleichsprogramms bildet ein Vergleich für ^{199}Yb. Vielleicht kann dieser Vergleich als Vorvergleich der RGW-Länder in Hinblick auf einen bevorstehenden BIPM-Vergleich eines komplexen EC-γ-Strahlers organisiert werden.

Die Vorschläge für die zukünftigen Aktivitäten auf diesem Gebiet im Rahmen der SKS des RGW werden z. Z. von den Ländern erarbeitet. Hier wird sicher eine Vergleichsmessung für ein radioaktives Gas mit vorzusehen sein.

Eingegangen am 23. 7. 1980

Literatur

[1] *E. Schönfeld, R. Brust, H. Greupner*, Isotopenpraxis 11 (1975) 347
[2] *F. M. Karawajew, A. F. Dritschko*, Ism. Techn. 5 (1971) 61
[3] *F. M. Karawajew* u. a., Isotopenpraxis 11 (1975) 395
[4] Autorenkollektiv, Nukleonika, in Vorbereitung
[5] *A. Rytz*, Rapport BIPM-77/4

Spectrometric Methods for the Measurement of Impurities in Alpha and Beta Emitting Radionuclides

P. Dryák, L. Kokta, J. Zderadička

(Institute for Research, Production and Application of Radioisotopes, Prague, Czechoovakia)[1])

Ge(Li) spectrometers are generally used for discovering of impurities of the solutions of radionuclides. This device is not possible to be used in cases when the admixture of the pure alpha or beta emitting radionuclide is expected. For this rare cases a method based on the spectrometry alpha resp. beta rays was developed in the UVVVR [1–3].
For measurement of alpha impurities Si surface barrier detector (FWHM about 20 keV for ^{241}Am) is used, sources are prepared by an electrolytical method and spectra are processed by similar methods used in gamma spectrometry.
For measurement of beta imputiries Si(Li) detector with depth 2 mm is used. Continuous spectra of beta rays are proceeded by comparing the tested spectra with reference spectra of the same radionuclide. The presence of the impurity is deduced out of the deviations both one.

Keywords

alpha decay radioisotopes; beta decay radioisotopes; impurities; semiconductor detectors; spectroscopy

1. Introduction

At the very beginning of my contribution, I would like to emphasize the fact that we are using the purity control methods of radionuclide solutions based on alpha or beta spectrometry only in those cases where it is necessary and where the method based on gamma spectrometry with a Ge(Li) detector cannot be used, i. e. in cases where admixture of a pure alpha or beta emitter is to be expected. The reasons why we consider these methods as auxiliary only, are:

- in the case of beta spectrometry, a more difficult and non-traditional processing of results, because of work with continuous spectra and not with peaks which requires special processing methods.
- in the case of alpha spectrometry, a difficult preparation of samples suitable for spectrometric measurements.

2. Methods for the determination of alpha impurities

For the determination of alpha emitting impurities in solutions of radionuclides, namely of ^{241}Am and ^{239}Pu, a device is used which consists of some blocks like a classical single-channel spectrometer. The apparatus consists of commercially available parts. Semiconductor detectors

[1]) ČS-17 004 Praha 7, Přistavni 531/24

with surface barrier from various manufacturers are used here. The detector works at room temperature. It is situated in a CI 7400 vacuum chamber, connected to a rotary vacuum pump. The best resolution for the energy of 5·5 MeV which we could obtain up to this time with the use of selected detectors under good detection geometry conditions and with EA type standards (produced in our Institute) was 14·5 keV.

The vacuum chamber is designed for one sample and when exchanging the sample, the chamber must be filled with air and then exhausted again. The detector to sample distance is adjustable within 1 to 40 mm. During measurement, the vacuum must be maintained at values better than 3 Pa, in order to avoid resolution deterioration and peak shifts.

The sample preparation techniques present the most considerable problem in the application of alpha spectrometry. We have made experiments with three different methods:

1) Electrodeposition on a Pt base:
   When the electroplating conditions are optimized, we can readily obtain an overall resolution (incl. the sample effect) better than 20 keV.
2) Electrostatic sputtering on a stainless steel base:
   By careful optimization of conditions, a total resolution of 20 to 40 keV was obtained for a number of ^{241}Am samples. This method is laborious and unsuitable for routine work.
3) TEG (tetraethylene glycol) method:
   A drop of TEG is added to a drop of the tested solution on a pad of stainless steel and after drying, the residue is annealed. The obtained resolution was between 50 and 60 keV. This method is the simpliest among the mensetioned methods but the detection limit is reduced becau- of the poor resolution. It is, however, very suitable for the assay of alpha impurities in beta emitting radionuclides, e. g. in medical preparations. In addition, samples prepared by simple drying of the evaporation residue on the pad are practically useless because of the very low total resolution.

The processing of alpha spectra resembles closely the processing of gamma spectra. The situation is simplified by the fact that the spectra do not contain the usual Compton continuum and the representation of the principal alpha lines is near to unit, as a rule.

The alpha spectrometric method is used in our Institute for the routine control of ^{241}Am and ^{239}Pu solutions and for the control of the produced alpha standards of the EA type. The routinely attained detection limits are in order of 10^{-3} and better. The method was used in the international comparison of the ^{241}Am solution activity measurements within the program of the standing committee for standards of the CMEA. The test solution was investigated for the presence of expected traces of ^{240}Am, ^{244}Cm and ^{249}Pu. Detection limits better than 10^{-4} were achieved.

3. Methods for the determination of beta impurities

In comparison with alpha spectrometry, the situation in beta spectrometry is more complicated. This is due to the necessity of working with the continuous spectrum which requires non-traditional processing of results. In addition, these methods are not as universal as the gamma spectroscopic ones which permit to analyze quite unknown mixtures. In beta spectroscopy methods we confine ourselves usually to concrete radionuclides with concrete admixtures. Fortunately, in most cases even this procedure is required, e. g. in the determination of ^{90}Sr + ^{90}Y in the basic radionuclide ^{89}Sr, or ^{33}P in ^{32}P, etc. For the time being we investigated pure beta emitters only, although, by principle, this method is not limited.

The short characteristic of the method is as follows: The apparatus is similar to the alpha spectrometric device, just instead of the SSB detector a Si(Li) detector working at room temperature is used. The measured spectra are compared with the so called "reference" spectra obtained by means of the pure radionuclide. The processing of results is performed on a mini-computer PDP-11/04, connected "on-line" to the multi-channel analyzer CI 8180.

In this method two problems are encountered:

1) the problem of obtaining a really pure radionuclide;
2) the problem of long-term stability of the detection system, i.e. of the reference spectra reproducibility.

As already mentioned above, a similar apparatus as that for alpha emitting radionuclides is used for the measurement. A Si(Li) detector of Polish production is used with a 2 mm sensitive layer, 50 mm² surface and 9 keV resolution (FWHM) for 624 keV electrons. The detector is firmly connected with the sample holder so that the distance between the samples and the detector surface is about 20 mm. The detector is placed in a reproducible position in the CI 7400 vacuum chamber in order to ensure reproducible scattering of electrons from the environment. Vacuum is not necessary; we work at atmospheric pressure which facilitates the sample exchange.

Special attention was paid to sample preparation. A specially shaped pad was used. A drop of the solution of nominal specific activity 4 MBq · g^{-1} id placed in the depression in the pad, just filling this depression.

The spectra processing differs for two distinct cases:

1) $E_{\beta\,max}$ of the impurity is higher than $E_{\beta\,max}$ of the basic radionuclide;
2) $E_{\beta\,max}$ of the impurity is lower than $E_{\beta\,max}$ of the basic radionuclide.

In the first case, the identification of the impurity is done directly by determination of the end point by means of the known energy calibration. The latter is performed, as a rule, by means of two experimental points $E_e = 624$ keV (^{137}Cs conversion electrons) and $E_\gamma = 122$ keV (^{57}Co). The calculation of the impurity content is based on the integration of the measured spectrum within the chosen energy interval and on the knowledge of the detection efficiency in this interval. The detection efficiency is determined numerically from the reference spectra.

This procedure is checked with the use of the mixed emitter ^{147}Pm with traces of ^{90}Sr + ^{90}Y. It was found that a detection limit of 0·1% may be easily obtained.

I would like to draw your attention to one advantage of the beta spectra processing. As we work usually with whole spectra, it is more easy to obtain a statistically favourable great number of counts as with the gamma spectra, where only short sections around the peaks are utilized.

In the second and more complex case where $E_{\beta\,max}$ of the impurity is lower than $E_{\beta\,max}$ of the main nuclide, the measured spectra are first recalibrated to the same energy calibration as the reference spectra and then compared with the reference spectrum in order to determine the end point of the differential spectrum. The identification is usually facilitated by the fact that we are looking for known impurities.

The impurity content is then found by the least square method. Artificial spectra R are generated:

$$R = P - k \cdot PIMP$$

where P is the tested spectrum
$PIMP$ is the reference spectrum of the impurity
k is the constant
S is the reference spectrum
We want to know, for which value of k the expression

$$x^2 = \sum_j (R_j - S_j)^2$$

attains the minimum value. The impurity content is equal to k.

The method was verified on the case of ^{32}P, artificially contaminated with ^{45}Ca (^{45}Ca simulated the nuclide ^{33}P). The spectra were compared in the region from 100 keV to 1700 keV. The results of the method are given in Tab. 1.

Tab. 1. Measurement of the ^{45}Ca content in ^{32}P

True content, %	Found content, %
0·90	0·80
1·80	2·00
2·80	2·70
3·70	3·50

These results might suggest that the method is very sucessful. We encounter here, however, the problem of the long-term reproducibility of the spectra configuration. We observe, therefore, the variations with the time of the parameter of Kolgomorov-Smirnov test for two distributions, i.e. for the reference spectrum of $^{90}Sr + ^{90}Y$, and for the spectrum of the same sample in the course of time. The magnitude of this parameter should remain constant in the case that no variations occur. In the course of nine months, however, we have observed a variation which is equivalent to cca 1·5% impurity of the type of ^{147}Pm. The cause of the changes in the spectrum configuration (changes in detection geo metry,in the configuration of the detector sensitive volume, in the pad matetial, etc.) are not clear to us, at this time.

For practical purposes we made the conclusion that the reference spectra of pure radionuclides have to be sampled more often, which, of course, complicates the situation.

Received July 23, 1980

References

[1] *P. Dryák, J. Zderadička, J. Plch*, Report ÚVVVR Nr. 5 (1977)
[2] *P. Dryák*, Radioisotopy 15 (1974) 415
[3] *P. Dryák, L. Kokta, J. Plch*, Research Report ÚVVVR Nr. 250 (1974)

Rundtischgespräche

anläßlich des „Internationalen Erfahrungsaustauschs auf dem Gebiet der Messung ionisierender Strahlung" vom 13. bis 16. Mai 1980 in Berlin

1. Probleme der Einführung des SI und zukünftige Bedeutung der Größe Exposition

Im Rahmen des Internationalen Erfahrungsaustausch fand am 14. 5. 1980 im Anschluß an die Vorträge zu

Sektion I: Metrologische Grundlagen der Dosimetrie ionisierender Strahlung und
Sektion II: Probleme der metrologischen Sicherstellung richtiger Dosismessungen in der Praxis

ein Rundtischgespräch über dosimetrische Größen. Einheiten und Bezugsmedien, die im Zusammenhang mit der Einführung des Internationalen Einheitensystems — SI — zukünftig in der Strahlentherapie und im Strahlenschutz bevorzugt angewandt werden sollten, statt. An dem Gespräch nahmen mehr als 30 Wissenschaftler teil, die sich aus Vertretern der Hauptanwender ionisierender Strahlung in der DDR und der metrologischen Staatsinstitute sowie anderer Institute der RGW-Länder mit metrologischer Aufgabenstellung zusammensetzten.

Von seiten des ASMW (*H. Rothe*) als Veranstalter wurde einleitend festgestellt, daß mit der Einführung der SI-Einheiten die Diskussion über die Frage, in welchen Größen und Einheiten und für welche Bezugsmedien in Zukunft medizinische und Strahlenschutz-Dosimeter anzeigen und geeicht werden sollten, auch auf internationaler Ebene stark zugenommen hat. Dabei zeichnet sich der Trend ab, in der praktischen Dosimetrie die Größe Exposition schrittweise durch geeignetere Größen, wie die Energiedosis und die Äquivalentdosis, die ein direkteres Maß für die Wirkung ionisierender Strahlung auf Materie bilden, zu ersetzen. Die SI-Einheit der Exposition, das Coulomb je Kilogramm (C/kg), wird in vielen Fällen als eine für die Praxis wenig geeingete Einheit angesehen.

Es gibt international auch Vorschläge, die Exposition durch die Größe Kerma in Luft zu ersetzen. Das ASMW vertritt hierzu die Auffassung, daß die Einführung der Kerma in Luft anstelle der Exposition unzweckmäßig ist, da diese Größe in der Praxis nur wenig Verbreitung gefunden hat und damit die derzeit bestehenden Probleme nur vergrößert würden. Zudem ist die Kerma im Gegensatz zur Energiedosis nur für indirekt ionisierende Strahlung definiert und demzufolge z. B. für die Dosimetrie von Beta- und Elektronenstrahlung nicht anwendbar.

Eine Grundvoraussetzung für den Übergang zu anderen dosimetrischen Größen bildet die Schaffung der metrologischen Grundlagen für die Darstellung und Weitergabe der Energiedosiseinheit Gray (Gy), wobei bisher aus physikalischen und meßtechnischen Gründen dem Bezugs-(Meß-)-medium Graphit für die Einheitendarstellung der Vorzug gegeben wird, während für praktische Energiedosismessungen in der Strahlentherapie und im Strahlenschutz Wasser bzw. gewebeäquivalentes Material interessieren. Da die direkte Energiedosismessung in derartigen Stoffen gegenwärtig noch auf Schwierigkeiten stößt, ist es erforderlich, von den in Graphit gemessenen Werten mittels geeigneter Konversionsfaktoren auf Energiedosiswerte in diesen Stoffen überzugehen. Gleichzeitig sind die Bestrebungen zu verstärken, spezielle ionometrische und kalorimetrische Verfahren zur direkten Absolutmessung der Energiedosis insbesondere in Wasser zu entwickeln.

Unter dem Gesichtspunkt der Anwendung genauer Konversionsfaktoren werden auch die Normalmeßverfahren für die Darstellung der Expositionseinheit, die den Vorteil einer vergleichsweise hohen Empfindlichkeit und guten Reproduzierbarkeit haben, nach wie vor ihre Bedeutung für die Sicherung der metrologischen Basis der Dosimetrie behalten. Sowohl bei der Energiedosis in Graphit als auch bei der in Luft gemessenen Exposition als Ausgangsgröße kommt es in Zukunft darauf an, die Genauigkeit, mit der die Konversionsfaktoren bestimmt sind, weiter zu erhöhen.

Im weiteren Verlauf des Rundtischgesprächs wurden von den übrigen Gesprächsteilnehmern zu diesen angesprochenen Problemen folgende wesentlich erscheinende Standpunkte vertreten:

Die Zielgröße in der Strahlentherapie ist, wie *H. Hegewald* als Vertreter der Sektion Klinische Strahlenphysik der GMR der DDR betonte, die Energiedosis im (Weichteil-)Gewebe bzw. im Ersatzmedium Wasser. In weniger häufigen Fällen muß jedoch auch die Energiedosis in anderen Gewebearten (Knochen, Fettgewebe usw.) angegeben werden. Aus diesen praktischen Gründen wird für die weitere Zukunft die direkte Ablesung der Energiedosis in Wasser als anstrebenswert angesehen. Voraussetzungen hierfür sind, daß allgemein Energiedosismeßverfahren (nicht nur Relativmessungen mit chemischen Dosimetern) mit gewebeäquivalenten Detektoren angewandt werden, Normalmeßeinrichtungen für die Bestimmung der Energiedosis in Wasser existieren und das System (Tabellenwerke) der auf Luft bezogenen Konversionsfaktoren, spezifischen Gammastrahlenkonstanten, relativen Massenbremsvermögen usw. auf die neue Bezugsgröße „Wasser" umgestellt und international akzeptiert ist.

Mit der gegenwärtigen Ionisationsdosimetrie ergeben sich z. B. erhebliche Schwierigkeiten, wenn das Meßsystem in Energiedosiswerten in Wasser (z. B. für ^{60}Co-Gammastrahlung) kalibriert ist und die Gewebe-Energiedosis in Elektronenstrahlungsfeldern bestimmt werden soll. Diese Problematik würde entfallen, sofern die Dosimetrie ausschließlich mit wasseräquivalenten Meßverfahren durchführbar wäre.

Die weitere Anwendung der Größe Exposition in Verbindung mit der SI-Einheit C/kg bzw. A/kg für die Expositionsleistung wird aus praktischen Gründen, insbesondere wegen der Schwierigkeiten, die infolge der erheblichen Zahlenwertdifferenzen vorhanden sind, abgelehnt. Als gegenwärtige Alternative und erster Schritt eines Übergangs zur Energiedosis in Wasser wird vielmehr die Angabe der Energiedosis in Luft angesehen und eine entsprechende Eichung der klinischen Dosimeter empfohlen. Damit könnte das gesamte Tabellensystem unter Umrechnung mit einem konstanten Zahlenfaktor weiterhin verwendet werden. Die Angaben in Gy bzw. Gy/min wären sofort im Anwendungsbereich interpretierbar und analog wie bisher in Energiedosiswerte für verschiedene Gewebearten umrechenbar. Nach erfolgter Konsolidierung könnte dann zu einem sehr viel späteren Zeitpunkt eventuell der zweite Schritt zur Energiedosis in Wasser vollzogen werden.

Nach Auffassung der Vertreter des Staatlichen Amtes für Atomsicherheit und Strahlenschutz der DDR (*D. Hermann, W. Kraus*) hat die Exposition nach dem Übergang zu SI-Einheiten wegen der ungünstigen Zahlenfaktoren zwischen Angaben in Einheiten der Energiedosis und -dosisleistung sowie der Äquivalentdosis und -dosisleistung einerseits und der Exposition und Expositionsleistung andererseits im Strahlenschutz keine Perspektive. Da in Zukunft Strahlenschutzgrenzwerte in Gy oder Sv ausgedrückt werden, erfordert die Kontrolle auf Einhaltung dieser Grenzwerte eine Geräteanzeige, die in einer einfachen zahlenmäßigen Beziehung zu den erwähnten Grenzwerten steht. Die Energiedosis bzw. -dosisleistung von Röntgen- und Gammastrahlung sollte in mGy, µGy usw. bzw. in µGy/h usw. — bezogen auf gewebeäquivalente Substanzen — angezeigt werden. Luft bzw. Graphit als Bezugsstoffe werden als akzeptable Kompromißlösungen angesehen. Auch bei Geräteanzeigen für die Äquivalentdosis bzw. -dosisleistung beliebiger Strahlungsarten wird in Verbindung mit dem Sievert die Verwendung der entsprechenden Vorsätze und Zeiteinheiten empfohlen. Für Dosimeter, die vorerst weiterhin zur Messung der Exposition oder Expositionsleistung vorgesehen sind, sollte die Anzeige in mR bzw. mR/h beibehalten werden.

K. Zsdánszky legte den Standpunkt des ungarischen Staatsamtes für Meßwesen (OMH) dar, nach dem eine Angabe der Exposition in SI-Einheiten für die Praxis ungeeignet ist. Für den Strahlenschutz wird die Angabe der Energiedosis in Luft und für den medizinischen Bereich entsprechend der Empfehlung des „Comité Consultatif pour les Etalons de Mesure des Rayonnements Ionisants" (CCEMRI) der Meterkonvention die Angabe der Energiedosis in Wasser als akzeptierbare Lösung betrachtet.

In seiner abschließenden Zusammenfassung der diskutierten Probleme und Standpunkte wies *H. Rothe* darauf hin, daß beim zukünftigen Übergang zu den Einheiten Gray (in Luft, Wasser oder gewebeäquivalenten Stoffen) und Sievert die innerstaatlichen Regelungen in der DDR unter weitgehender Beachtung der internationalen Entwicklung getroffen werden müssen.

2. Umfang und Inhalt der Bereitstellung radioaktiver Normalproben, einschließlich fester Quellen, zur Gewährleistung richtiger Aktivitätsmessungen in der Praxis

Im Anschluß an die Vorträge zu

Sektion IV: Metrologische Grundlagen der Aktivitätsmessung und

Sektion V: Probleme der metrologischen Sicherstellung richtiger Aktivitätsmessungen in der Praxis

fand anläßlich des Internationalen Erfahrungsaustauschs am 16. 5. 1980 ein zweites Rundtischgespräch über die Frage der Bereitstellung radioaktiver Normalproben und Normalquellen durch die metrologischen Staatsinstitute statt, und zwar hinsichtlich des notwendigen und möglichen Umfanges und Inhalts, z. B. nach Aggregatzustand, Nuklidart sowie Quellenform und -typ. An dem Gespräch nahmen wiederum mehr als 30 Wissenschaftler aus metrologischen Staatsinstituten der RGW-Länder und aus Institutionen teil, in denen radioaktive Strahlungsquellen hergestellt, gemessen oder angewandt werden.

Die Abgabe radioaktiver Normalproben bildet neben dem direkten Anschluß von radioaktiven Strahlungsquellen und Aktivitätsmeßgeräten an höhere Normale der Aktivitätseinheit im Rahmen von Sonderprüfungen, Eichungen und Beglaubigungen eine wesentliche Form der Weitergabe der Aktivitätseinheit, wie *H. Rothe* in seinen einleitenden Bemerkungen zur Thematik betonte. Mit Hilfe radioaktiver Normalproben kann der Praktiker die richtige Anzeige seiner Aktivitätsmeßgeräte selbst überprüfen bzw. eine Kalibrierung der Geräte vornehmen.

Bisher umfaßt die Bereitstellung derartiger Normalproben durch metrologische Staatsinstitute in der Mehrzahl der Fälle

— radioaktive Normallösungen und -gasproben sowie

- spektrometrische Kalibrierquellensätze, die neben der γ-Energiekalibrierung auch die Aufnahme von Effektivitätskurven der Meßsysteme bezüglich der Aktivität der zu messenden Quellen zulassen.

Für die praktische Anwendung von Radionukliden sind aber weiterhin z. B. erforderlich:

- Normalstrahlungsquellen für die Probenanalytik
- Normale für die LSC-Meßtechnik oder auch
- γ-Normalstrahlungsquellen und
- α- und β-Normalflächenstrahlungsquellen.

Wegen technologischer Einschränkungen und der in einem Staatsinstitut kaum vorhandenen „Produktions"-Kapazitäten sind der Herstellung radioaktiver Normalproben durch diese Einrichtungen von vornherein Grenzen gesetzt. Bei aufwendigeren Herstellungsverfahren und zahlenmäßig größerem Bedarf müssen deshalb Kooperationsmöglichkeiten mit den Isotopenproduzenten genutzt werden, wobei den metrologischen Instituten die Aufgabe der Beglaubigung der Normale zufällt. Dies trifft z. B. auf umschlossene γ-Normalstrahlungsquellen zu.

Von *R. Brust* (ASMW) wurden die Ausführungen ergänzt durch eine Übersicht über die radioaktiven Normallösungen und -quellen (OIR), die im Zuge der Vorbereitungsarbeiten für die Spezialisierung von OIR im Rahmen der Ständigen Kommission des RGW für die friedliche Nutzung der Atomenergie vom ASMW zusammengestellt worden waren. Die Übersicht enthielt OIR unterteilt nach Strahlertyp, Quellentyp und -konfiguration sowie Nuklidart und die erforderlichen Wertebereiche der Aktivität, Aktivitätskonzentration, Flächenaktivität usw. sowie die Mindestforderungen für die Meßunsicherheiten. Außer den bereits genannten Quellentypen wurden dabei auch sogenannte Meßstrahlungsquellen und Scheibenquellen für die Kontrolle von Aktivitätsmeßeinrichtungen mit aufgeführt.

Während von seiten des ASMW Möglichkeiten gesehen werden, neben den bereits genannten Normallösungen und -gasproben sowie spektrometrischen Eichquellensätzen auch einige andere Typen von Normalproben mit wenig aufwendigen Herstellungstechnologien, z. B. solche für die Probenanalytik, in die Aufgabenstellung eines metrologischen Staatsinstitutes einzubeziehen, ergab die weitere Aussprache keine allgemeineren Schlußfolgerungen zu dieser Fragestellung. Das Rundtischgespräch konzentrierte sich im weiteren vielmehr auf die Frage, in welchen Größen und Einheiten die Angaben für radioaktive Normalstrahlungsquellen gemacht werden sollten.

Von *D. Herrmann* (SAAS) wurde festgestellt, daß im Bereich des Strahlenschutzes ein großer Bedarf an Normalproben und -strahlungsquellen, insbesondere auch an α- und β-Normalflächenstrahlungsquellen, besteht. In vielen praktischen Fällen interessiert jedoch bei der Kalibrierung von Strahlenschutzmeßgeräten primär die austretende Strahlung, da das Strahlungsfeld einer radioaktiven Strahlungsquelle durch sie bestimmt wird. Er vertrat deshalb die Ansicht, daß die Angabe einer der austretenden Strahlung entsprechenden und der „eingebauten" Aktivität proportionalen „Äquivalentaktivität", wie sie früher gelegentlich zur Charakterisierung der Quellen benutzt wurde, oder die Angabe einer ihr entsprechenden Flußgröße zusätzlich zur Aktivitätsangabe den Bedürfnissen sehr vieler Anwender von Strahlungsquellen gerecht werden würde. Unter Hinweis darauf, daß der Proportionalitätsfaktor zwischen der „Äquivalentaktivität" und der Aktivität der Quelle dimensionslos wäre, warf er die Frage auf, ob es zulässig sei, für beide Größen die gleiche Einheit Becquerel zu benutzen.

Vom ASMW wurde bezüglich der Angabe einer „Äquivalentaktivität" darauf verwiesen, daß die Größe Aktivität als Anzahl der Kernumwandlungen je Zeiteinheit definiert ist und damit eindeutig zur Charakterisierung der Strahlungsquelle selbst, nicht aber des Strahlungsfeldes dient; dies gilt entsprechend auch für ihre Einheit Becquerel. Eine „Äquivalentaktivität" wäre als physikalische Größe nicht eindeutig definiert, da der Proportionalitätsfaktor zwischen ihr und der eigentlichen Aktivität sowohl vom speziellen Aufbau der Quelle als auch von der jeweiligen Meßgeometrie abhängen würde. Dagegen läßt sich ein Strahlungsfeld durch Feldgrößen, wie der Teilchenflußdichte, der Teilchenfluenz oder auch des im Raumwinkel 2π gemessenen Teilchenflusses eindeutig beschreiben.

Die Angabe der von einer Strahlungsquelle (in einem vorgegebenen Abstand) erzeugten Flußdichte neben dem Aktivitätswert wurde von *F. Gühne* (Kombinat KAB) für zweckmäßig erachtet, da diese Angabe häufig für die Kalibrierung von Strahlenschutzmeßgeräten ebenfalls benötigt wird.

H. Schmidt (ZfI, Berlin-Buch) verwies darauf, daß z. B. von sowjetischer Seite unter Berufung auf die entsprechenden RGW-Empfehlungen und -Standards als kennzeichnende Größe für umschlossene β- und γ-Strahlungsquellen die Angabe von Dosisleistungswerten durch die Hersteller der Quellen verlangt wird. Nach seiner Meinung verliert dadurch (in diesen Fällen) die Größe „Aktivität" an Bedeutung; es gibt sogar Bestrebungen, sie zur Kennzeichnung der Quellen ganz fallenzulassen. Letzterem konnten die anwesenden Vertreter anderer metrologischer Staatsinstitute nicht beipflichten.

Von *K. Zsdánszky* (OMH Budapest) wurde der Standpunkt vertreten, daß die primäre Aufgabe der metrologischen Staatsinstitute auf dem zur Diskussion stehenden Gebiet die Darstellung und Weitergabe der Aktivitätseinheit ist. Natürlich sollte auch den Anforderungen der Anwender unter Beachtung der Tatsache, daß Kontaminationsmessungen in erster Linie Flußmessungen sind, in gewissem Umfange Rechnung getragen werden. Hinsichtlich des Vorschlags von *D. Herrmann*, zur Charakterisierung einer Strahlungsquelle eine Größe (z. B. „Äquivalentaktivität") einzuführen, die — ebenso wie die Aktivität — die Einheit Becquerel hat und als eine Art Strahlungsausbeute der Quelle durch Messung des austretenden Flusses bestimmt wird, stellte er fest, daß derartige Neuvorschläge nur über bzw. durch die Organe der Meterkonvention ausgearbeitet werden können.

In der abschließenden Zusammenfassung wurde von seiten des ASMW die Notwendigkeit der zusätzlichen Angabe anderer, über die Aktivitätsangabe hinausgehender Größen, wie des Teilchenflusses im Raumwinkel 2π, der Teilchenflußdichte oder auch der Dosisleistung in einem vorgegebenen Abstand, durchaus anerkannt und darauf verwiesen, daß dies in bestimmten Fällen auf Anforderung der Anwender auch bisher bereits geschehen ist; nur sollte es sich dabei stets um Größen und Einheiten handeln, die in den einschlägigen gesetzlichen Bestimmungen und in internationalen Empfehlungen eindeutig definiert sind.

H. Rolhe

Eingegangen am 19. 9. 1980

Informationen

IAEA. Neue IAEA-Publikationen:
Behaviour of Tritium in the Environment (Proc. Series — STI/PUB/498);
Fire Protection in Nuclear Power Plants: A Safety Guide (Safety Series No. 50-SG-D2 — STI/PUB/536);
Decommissioning of Nuclear Facilities (Proc. Series — STI/PUB/500);
Regulations for the Safe Transport of Radioactive Materials — 1973 Revised Edition (As Amended) (Safety Series No. 6 — STI/PUB/517);
Plasma Physics and Controlled Nuclear Fusion Research 1978 (Proc. Series — STI/PUB/495);
Significance of Mineralogy in the Development of Flowsheets for Processing Uranium Ores (Tech. Rep. Series No. 196 — STI/DOC/10/196);
Fabrication of Water Reactor Fuel Elements (Proc. Series — STI/PUB/499);
Nuclear Safeguards Technology 1978 (Proc. Series — STI/PUB/497).

UdSSR. Heft 8/1980 der Zeitschrift „Atomnaja energija" enthält u. a. folgende Beiträge:
Zur Bestimmung einiger Charakteristika von abgebranntem WWER-Brennstoff mit Hilfe der Alpha- und Gammaspektrometrie (*A. G. Selenkow* u. a.);
Bestimmung kleiner Gehalte der Elemente Vanadium bis Molybdän nach der Röntgenfluoreszenzmethode unter Anwendung einer neuen Kalibrierungsvariante (*A. G. Below* u. a.);
Spektrophotometrische Untersuchung des Gleichgewichts der Reaktion $Pu^{4+} + Cl^- \rightleftharpoons Pu^{3+} + 1/2\,Cl_2$ in einer NaCl/2 CsCl-Schmelze (*S. K. Wawilow* u. a.);
Bestimmung der Trennkoeffizienten der Borisotope bei der Destillation von BCl_3 im Temperaturbereich 278 ... 438 K (*A. S. Aloew* u. a.);
Möglichkeiten der Protonenaktivierungsanalyse bei der Bestimmung des Gehalts von Elementen über kurzlebige Radionuklide (*W. A. Muminow* u. a.);
Räumliche Verteilung und Bilanz von ^{3}H und ^{137}Cs im Schwarzen Meer im Jahre 1977 (*S. M. Bakulowski* u. a.);
Messung der integralen Neutronenquerschnitte von ^{168}Yb und ^{169}Yb (*W. A. Anufriew* u. a.);

Kurze Originalmitteilungen:
Eine zerstörungsfreie Methode zur Kontrolle von unbestrahltem Reaktorbrennstoff mit Hilfe einer Impulsneutronenquelle (*S. B. Schichow* u. a.);
Untersuchung des Sekundärstrahlungsfeldes hinter einem Bleiabsorber bei der Bestrahlung mit 640-MeV-Protonen (*A. J. Serow* u. a.);
Autoionenmikroskopische Untersuchung der in Wolfram durch ^{252}Cf-Spaltprodukte hervorgerufenen Strahlenschäden (*W. M. Alexandrow* u. a.);
Elektrische Leitfähigkeit von binären Schmelzen von Thoriumtetrafluorid mit Lithium- und Natriumfluorid (*W. N. Desjatnik* u. a.);
Ein kolometrisches Dosimeter für Gammastrahlung (*I. Ch. Abdukadyrowa*);
Berechnung der in den Konstruktionsmaterialien von Bohrloch-Neutronengeneratoren induzierten Aktivität zwecks effektiver Gewährleistung der Strahlensicherheit (*D. F. Bespalow* u. a.).

Großbritannien. Der National Radiological Protection Board (NRPB) hat zwei Berichte veröffentlicht, in denen Fragen der radiologischen Abschätzung der Effekte der Abtrennung von Aktiniden (vor allem langlebiger wie Plutonium und Americium) aus hochaktiven Rückständen vor deren eventueller Verglasung und Lagerung behandelt werden. Es handelt sich um die Berichte

1. The effects of actinide separation on the radiological consequences of disposal of high-level radioactive waste on the ocean bed (*W. C. Camplin* u. a.)
2. The effects of actinide separation on the radiological consequences of geologic disposal of high-level waste (*M. D. Hill* u. a.).

Japan. Mit vorläufig 165000 $ will sich Japan an der Ausarbeitung eines amerikanisch-japanischen Projekts zur Errichtung von Lagern für abgebrannten Kernbrennstoff auf Inseln im Stillen Ozean beteiligen.

IAEA. Der Generaldirektor der Internationalen Atomenergie-Agentur (IAEA), Dr. *S. Eklund*, hat folgende Ernennungen bekanntgegeben:

N. F. Sievering (USA) tritt als Stellvertretender Generaldirektor für Verwaltung die Nachfolge von *J. A. Hall* an, der diese Hauptabteilung seit 1967 leitete.

H. Iwamoto (Japan) wurde zum Direktor der Inspektionsabteilung B in der Hauptabteilung der IAEA für Sicherheitskontrolle berufen.

IAEA/BRD. Über 400 Spezialisten aus mehr als 40 Mitgliedstaaten nahmen an einem internationalen Symposion über medizinische Abbildung durch Szintigraphie teil, das die Internationale Atomenergie-Agentur (IAEA) gemeinsam mit der Weltgesundheitsorganisation (WHO) vom 1. bis 5. September 1980 in Heidelberg (BRD) veranstaltete. Die Tagung sollte einen umfassenden aktuellen Überblick über dieses wichtige Gebiet der modernen Medizin geben. Das Symposion war die sechste einer Reihe von Tagungen, die die IAEA seit 1959 zu diesem Thema durchgeführt hat.

Die medizinische Abbildung durch Szintigraphie hat rasche Fortschritte gemacht, und das Symposion zeigte die Errungenschaften der letzten vier Jahre bei Ausrüstungen, Radiopharmaka und szintigraphischen Abbildungsverfahren. Bei den Geräten war die bemerkenswerteste Neuerung die Entwicklung verbesserter Gammakameras. Kombiniert mit neuen automatisierten Datenverarbeitungssystemen haben sie die Möglichkeiten für dynamische Abbildungen stark erweitert, vor allem bei der Untersuchung der Herzfunktion im Zusammenhang mit Herzerkrankungen. Neuentwickelte Nuklearpharmaka haben den Abbildungsverfahren weitere Bereiche erschlossenbesonders bei der Diagnostik von Lebererkrankungen, bei der Untersuchung verpflanzter Nieren und beim Nachweis von Tumoren. Wichtige neue Verfahren wurden unter anderem für die Abbildung des Gastrointestinaltraktes, des Gehirns und der Lungen entwickelt.

In Anbetracht der Bedeutung, die derzeit in der Nuklearmedizin der Qualitätsstandardisierung beigemessen wird, fand auf dem Symposion eine gemeinsame Podiumsdiskussion der IAEA und WHO über Qualitätsstandardisierung bei der medizinischen Abbildung durch Szintigraphie statt, in deren Verlauf Maßnahmen erörtert wurden, die notwendig sind, um die Qualität der szintigraphischen Abbildungsverfahren zu vereinheitlichen. Auf einer zweiten Podiumsdiskussion wurde die Szintigraphie anderen Abbildungsverfahren gegenübergestellt, wobei ihre derzeitige Rolle z. B. im Verhältnis zur automatisierten Tomographie, zur Abbildung durch magnetische Kernresonanz, zur Thermographie und zur Ultraschallabbildung eingeschätzt wurde.

DDR. Neue Reports des Staatlichen Amtes für Atomsicherheit und Strahlenschutz der DDR (SAAS):

SAAS-253 Wirkung ionisierender Strahlung auf Bitumen und Bitumen-Salz-Gemische (Effects of ionizing radiation on bitumen-salt mixtures — *A. Dagen*)

SAAS-258 Anwendung von CAMAC bei Niederaktivitätsmessungen (Application of CAMAC in low-level activity measurements — *V. Lößner*)

SAAS-261 Messung des Radon-Gehalts von Grubenwässern (Measurement of the radon content of mine waters — *V. Schmidt*)

SAAS-262 Die berufliche Strahlenbelastung 1974 in der DDR (Occupational radiation exposure in the GDR in 1974 — *W. König* u. a.)

SAAS-263 Die berufliche Strahlenbelastung 1975 in der DDR (Occupational radiation exposure in the GDR in 1975 — *W. König* u. a.)

SAAS-264 Die berufliche äußere Strahlenbelastung 1976 in der DDR (Occupational external radiation exposure in the GDR in 1976 — *W. Rothe*)

SAAS-265 Messung von Radon in der Atemluft (Measurement of radon in the breath — *W. Schlüter*)

SAAS-267 Kalibrierung von Grubenradiometern (Calibration of mine working-level meters — *W. Ullmann, Ch. Feddersen*).

BRD. Nach einer Mitteilung in der „atw" 8/9-1980 ist im September 1980 ein vom Bundesministerium für Forschung und Technologie mit 60 Mill. DM finanziertes Forschungsprogramm „Andere Entsorgungstechniken" verabschiedet worden, in dessem Rahmen Entsorgungstechniken ohne Wiederaufarbeitung untersucht werden sollen. Ein Schwerpunkt des Forschungsprogramms, das zunächst bis Ende 1984 laufen soll, wird die Untersuchung von Methoden zum sicheren Einschluß bestrahlter Kernbrennstoffe (Brennelemente, Brennstäbe, zerschnittene Stäbe) sein.

Großbritannien. Neue Reports der UKAEA:

AERE-R 9641 Volume reduction techniques for solid radioactive wastes

AERE-R 9667 Coherent Raman spectroscopy, some possible developments for concentration measurements and for fundamental spectroscopy

AERE-R 9682 A simplified numerical method for estimating the potential for photochemical air pollution formation in the United Kingdom

AERE-R 9484 A survey of atmospheric trace elements in the UK: results for 1978

AERE-R 9707 Estimation of special nuclear materials in solution by K X-ray fluorescence and absorption edge densitometry

AERE-R 9631 The non-existence for an isomeric state in ^{241}Pu

AFRE-R 9669 Nuclear electronic instrument systems using the Harwell 6000 series

ND-R 379 (D) The effect of solvent choice on plutonium extraction with TTA

AERE-R 8729 Calculation of ion beam profiles in a uniform electric field including space charge effects

AERE-R 9568 Laser optoaccustic spectrometry

AERE-R 9600 A unified system for the measurement of the characteristics of two-terminal semiconductor devices

AERE-D 9657 Nuclear accident dosimetry systems: U. K. measurements at the sixteenth intercomparison at ORNL

ND-R 454 (D) A microprocessor based controller for post irradiation examination equipment

Tunesien. In der Phosphatdüngerfabrik von Gabis soll 1981 mit der Gewinnung von Uran aus Phosphorsäure als Nebenprodukt bei der Düngemittelproduktion begonnen werden. Die „Groupe Phosphatier Tunisien" will zur Uranextraktion den gleichen Prozeß anwenden, der auch von der Fa. Gardinier (USA) und der französischen Pechiney Ugine Kuhlmann eingesetzt wird. Die tunesischen Phosphate weisen einen Urangehalt von 50—60 g/t auf. Es wird mit einer Jahresproduktion von 120 t Uran gerechnet.

Buchbesprechungen

Kurzes Lehrbuch der Biochemie für Mediziner und Naturwissenschaftler

P. Karlson, Stuttgart—New York: Georg Thieme 1980; 11. völlig neu überarbeitete Auflage. 445 S., 120 Abb., 215 Formelbilder u. Schemata, 32 Tab., DM 40,—

Der „Karlson" ist seit nahezu 20 Jahren ein ausgewiesenes Lehrbuch der Biochemie, nicht nur im deutschsprachigen Raum. Übersetzungen in 14 Sprachen unterstreichen seine Bedeutung. Da die Biochemie sich in einer stürmischen Entwicklung befindet, hat der Autor die vorliegende 11. Auflage vollkommen neu überarbeitet und nicht — wie es in den früheren Auflagen geschehen ist — lediglich neue Ergebnisse eingefügt. Das betrifft vor allem die Kapitel über Reaktionsmechanismen sowie über die Mechanismen der enzymatischen Reaktionen und die Rolle der Coenzyme. Auch den Membranen ist ein besonderes Kapitel gewidmet. Die Ausführungen über Ernährung und Vitamine sowie über Organe sind wesentlich erweitert worden. Trotzdem hat der Autor es verstanden, durch Straffung anderer Kapitel den Charakter des kurzen Lehrbuches zu wahren. Auf mannigfache Querverbindungen wird durch zahlreiche Seitenhinweise aufmerksam gemacht. Umfangreiche Literaturhinweise geben Gelegenheit für ein vertieftes Eindringen in spezielle Probleme. Für eine schnelle Orientierung wurde jedem Kapitel eine Gliederung vorangestellt und eine Zusammenfassung angefügt. Der zweispaltige Satz sowie mehrfarbige Abbildungen erleichtern das Lesen. Zusammenfassend muß gesagt werden, daß auch die 11. Auflage des „Karlson" als hochmodern zu bezeichnen ist und allen Studenten, aber auch Spezialisten, die sich mit biochemischen Problemen zu beschäftigen haben, wie Biochemikern, Chemikern, Medizinern, Landwirten und Pharmazeuten, zu empfehlen ist.

H. R. Schütte

Physik — Verstehen durch Üben

Von einem Autorenkollektiv unter Federführung von H. Heinemann.
Leipzig; VEB Fachbuchverlag, 1980; 351 S., 366 Abb., 201 Kontrollfragen mit Antworten, 75 durchgerechnete Beispiele, 192 Aufgaben mit Ergebnissen und eine 16seitige Beilage: Pappeinband, M 12,50

Diese als Arbeitsbuch für die Physikausbildung in den ingenieurwissenschaftlichen Fachrichtungen an Hochschulen vorgesehene Publikation ist nach den Hauptgebieten Mechanik, Schwingungen und Wellen, Wärmelehre, Elektrizität und Magnetismus sowie Optik und Teilchenwellen gegliedert, die ihrerseits in Untergebiete (insgesamt rund 40) aufgeteilt sind. (Wärmelehre beispielsweise in Kalorimetrie; thermische Ausdehnung; Wärmeausbreitung in festen Substanzen; Zustandsänderungen des idealen Gases, erster Hauptsatz der Thermodynamik; *Carnot*-Prozeß; zweiter Hauptsatz der Thermodynamik; Gaskinetik).

Jedes Untergebiet umfaßt eine kurze Darstellung des Schwerpunktstoffes, dazu Kontrollfragen, Übungsbeispiele und Aufgaben in repräsentativer Auswahl. Die Antworten auf die Kontrollfragen und die Ergebnisse der gestellten Aufgaben sind am Schluß des Buches zusammengestellt, das durch eine beigefügte Formelsammlung als Hilfsmittel bei schriftlichen Prüfungen ergänzt wird.

Diesem Arbeitsbuch liegt kein bestimmtes Lehrbuch der Physik zugrunde. Es kann dem angesprochenen Interessentenkreis — Studenten an Ingenieurhochschulen, Hochschulen und Universitäten mit Physik als Grundlagenfach; Fachlehrkräften — empfohlen werden.

K. Uhlig

Radiation Quantities and Units ICRU Report 33

International Commission on Radiation Units and Measurements, Washington D. C. 1980, 25 S., broschiert US — $ 8.50

Der vorliegende Report über die grundlegenden Definitionen der Größen und Einheiten ionisierender Strahlung ersetzt den ICRU Report 19 von 1971 und einen Nachtrag hierzu von 1973. Neben einer stärkeren Einbeziehung der speziellen Größen für den Strahlenschutz finden in dem Report vor allem auch die durch den gegenwärtigen weltweiten Übergang zum Internationalen Einheitensystem (SI) eingetretenen Veränderungen Berücksichtigung. Bei der Definition der Strahlungsgrößen und -einheiten wird auch im vorliegenden Report die bereits früher gebräuchliche Unterteilung in Größen und Einheiten für die allgemeine Anwendung (Teil A) und in solche für die Anwendung im Strahlenschutz (Teil B) vorgenommen.

Im Teil A sind die Größen in 4 Kategorien unterteilt: Radiometrie, Wechselwirkungskoeffizienten, Dosimetrie und Radioaktivität. Im Abschnitt „Radiometrie" werden die Größen zur Charakterisierung eines Strahlungfeldes, wie (Teilchen-)Fluß, Energiefluß, (Teilchen-)Fluenz und Energiefluenz, definiert, wobei empfohlen wird, die Benennung (Teilchen-)Fluenz- und Energiefluenzleistung der Benennung Teilchen- bzw. Energieflußdichte vorzuziehen. Der Abschnitt „Wechselwirkungskoeffizienten" enthält die Definition der Größen für die Wechselwirkung von Strahlung und Materie, wie Massenschwächungs- und Massenenergieübertragungskoeffizient, lineare Energieübertragung und mittlere Energie zur Erzeugung eines Ionenpaares in einem Gas. Für die im Abschnitt „Dosimetrie" u. a. definierten Größen Energiedosis („absorbed dose"), Kerma und (zugeführte) spezifische Energie wird neben dem Joule je Kilogramm (J/kg) in allen Fällen auch Gray (Gy) als spezieller Name der SI-Einheit zugelassen; für die Größe Exposition („exposure") ist neben dem Coulomb je Kilogramm (C/kg) auch hier kein spezieller Name der SI-Einheit vorgesehen. Außer der Größe Aktivität mit der SI-Einheit Becquerel (Bq) werden im Abschnitt „Radioaktivität" noch die Zerfallskonstante und die neue Größe Kermaleistungskonstante in Luft (Einheit: m^2 Gy Bq^{-1} s^{-1}), die die Expositionsleistungskonstante des ICRU Reports 19 ersetzt, definiert.

Als Größen und Einheiten für die Anwendung im Strahlenschutz sind im Teil B neben der Äquivalentdosis mit der neuen SI-Einheit Sievert (Sv) noch die sogenannten Indexgrößen enthalten, wie sie bereits im ICRU Report 25 definiert sind: Energiedosisindex (in Gy) und Äquivalentdosisindex (in Sv). Im Zusammenhang mit der Definition des Äquivalentdosisindex als maximale Äquivalentdosis innerhalb einer Kugel aus gewebeäquivalentem Material mit 30 cm Durchmesser werden auch die Größen Oberflächenäquivalentdosisindex und Tiefenäquivalentdosisindex erläutert. Auf die in ICRP Publication 26 zusätzlich definierte Größe „effektive Äquivalentdosis" wird nicht eingegangen.

Neben den SI-Einheiten, für die in einigen wichtigen Fällen von der 15. und 16. Generalkonferenz für Maß und Gewicht (CGPM) neue Namen (Gy, Bq bzw. Sv) beschlossen wurden, enthält der Report jeweils auch noch die alten speziellen Einheiten Röntgen, rad, Curie und rem, jedoch unter Hinweis auf deren zeitlich befristete Gültigkeit (bis 1985). Für Größen wie Energiedosisleistung, Expositionsleistung und Äquivalentdosisleistung wird als Zeiteinheit durchgängig die SI-Einheit Sekunde (s) angewendet mit der Anmerkung, daß an deren Stelle durchaus auch Minute (min), Stunde (h) und Tag (d) benutzt werden können.

Der Report ist von grundlegender Bedeutung für alle, die sich in Wissenschaft und Technik, im Gesundheitswesen und in anderen Bereichen mit der Messung ionisierender Strahlung zu befassen haben.

H. Rothe

Element Analysis of Biological Materials
Current Problems and Techniques with Special Reference to Trace Elements

Techn. Rep. Ser. No. 197; IAEA, Vienna 1980; 371 S., div. Abb. u. Tab.; kartoniert ÖS 530,—

Die quantitative Elementanalyse, insbesondere der metallischen Spurenelemente in biologischem Material, in der Veterinär- und Humanmedizin gehört aus vielerlei Gründen (Probenpräparation und -aufbereitung, Bezugsstandards) zu den kompliziertesten analytischen Aufgabenstellungen der Elementanalytik. Um so begrüßenswerter ist das Bemühen der IAEA, diese Probleme im Rahmen eines Technical Report zu diskutieren und neben der Neutronenaktivierungsanalyse andere alternative Methoden der modernen Spurenanalytik einzubeziehen.

Der Report ist in vier große Kapitel eingeteilt:

- Notwendigkeit der Spurenelementanalyse in den biologischen Wissenschaften
  Es werden im besonderen die Aspekte der Veterinärmedizin, der Humanmedizin, der menschlichen Ernährung und die Umweltproblematik behandelt.
- Probleme der Probennahme und -aufbereitung für die Spurenelementanalyse
- Analytische Techniken zur Spurenelement- und Nebenbestandteilanalyse in biologischen Materialien.
  Neben der Neutronenaktivierungsanalyse werden vom Wirkprinzip und der experimentellen Technik her die Atomabsorption, die plasmaangeregte Emissionsspektrometrie, die Massenspektrometrie, die Röntgenfluoeszenzmethoden, die chemischen und die elektrochemischen Methoden erörtert.
- Reproduzierbarkeit und Richtigkeit der analytischen Ergebnisse
  Behandelt werden vor allem Fragen der Arbeitstechnik und möglicher Fehlerquellen beim Mineralisieren des biologischen Materials.

In zwei Anhängen sind die Elementzusammensetzungen von vier ausgewählten Referenzmaterialien und die durch die verschiedenen analytischen Methoden an diesen Standardmaterialien erhaltenen Werte zusammengefaßt.

Der vorliegende technische Report geht weit über eine reine Bestandsaufnahme und Problemsammlung hinaus. Er besitzt im guten Sinne des Wortes Lehrbuchcharakter mit umfangreichen Literaturangaben und bietet dem Analytiker aufbereitete und erprobte Lösungsvarianten zur Bearbeitung eigener analytischer Fragestellungen. Der Bericht kann neben dem analytisch tätigen Chemiker oder Physiker auch Biologen, Veterinär- und Humanmedizinern empfohlen werden, die sich mit Fragen des Spurenelementhaushaltes biologischer Systeme beschäftigen.

J. Flachowsky

I. A. Ouryayev, V. I. Fominykh, K. Helmstaedter, H. Korn, H. Rothe

Comparison of GDR and USSR National Standards of the Unit of the Absorbed Dose of Low-Energy Beta Radiation

Isotopenpraxis **17** (1981) No. 3, p. 100 to 103
2 Fig., 4 Tab., 3 Ref.

The performance and the results of a comparison of the GDR and the USSR national standards of the unit of absorbed dose of low-energy beta radiation is reported, in which VNIIM (USSR) and ASMW (GRD) participated. In both institutions, volume extrapolation ionization chambers were used to measure the absorbed doses of two ^{147}Pm beta-radiation sources serving as dissemination standards in various distances from the source surface. Deviations of the results of measurement as an average ranged appr. 3 per cent.
Special correction factors were used to establish correlation with equal weight per unit area of the air layer between the chamber and the source, with equal diameter of measuring electrodes, and with equal thickness of entrance window foil.

И. А. Уряев, В. И. Фоминых, К. Хельмштедтер, Х. Корн, Х. Роте

Сравнение государственных эталонов ГДР и СССР единицы поглощенной дозы бета-излучения низкой энергии

Isotopenpraxis **17** (1981) вып. 3, стр. 100 до 103
2 рис., 4 табл., 3 лит.

Докладывается о проведении и результатах осуществивегося с участием ВНИИМ (СССР) и АСМВ (ГДР) сравнения государственных эталонов СССР и ГДР единицы поглощенной дозы бета-излучения низкой энергии. В обеих организациях, с помощью объемных экстраполяционных ионизационных камер были измерены мощности поглощенных доз в различных расстояниях от поверхности источников служащих в качестве эталонов источников бета-излучения по ^{147}Pm. Отклонения результатов измерений в среднем составляли около 3%.
Определившиеся специальные поправочные коэффициенты были использованы для установления связи с одинаковой массой на единицу площади слоя воздуха между камерой и источником, с одинаковым диаметром измерительных электродов, а также с одинаковой толщиной фольги входного окна.

H. Hegewald

Present and Future Requirements to Metrological Foundations of Dosimetry from the Point of Radiotherapy

Isotopenpraxis **17** (1981) No. 3, p. 103 to 106
3 Fig., – Tab., 6 Ref.

The spectrum of radiations and irradiation methods determining at present practical radiotherapy is presented together with the resulting dosimetric requirements and problems. Proceeding from the trends of application of neutrons or protons, pions and heavy ions, their presumable importance for practical radiotherapy is discussed with a view to the relative share of patients subject to various irradiations. Essential discrepancies in present application of calibrated dosimeters for radiation-field measurement and absorbed-dose determination are presented, and the aspects of future determination of measuring quantities and units for commercial dosimeters are discussed.

Х. Хегевальд

Настоящие и будушие требования к метрологическим основам дозиметрии с точки зрения радиотерапии

Isotopenpraxis **17** (1981) вып. 3, стр. 103 до 106
3 рис., – табл., 6 лит.

Представляется спектр видов радиации и методов облучения, определяющий в настоящее время практическую радиотерапию, а также выходящие из этого дозиметрические потребности и проблемы. Исходя из тенденций применения нейтронов или протонов, пионов и тяжелых ионов обсуждается ожидаемое их значение для практической радиотерапии в отношении относительной доли облучаемых ими пациентов.
Излагаются основные расхождения в применении калиброванных дозиметров для измерения полей излучения и для определения поглощенной дозы. Обсуждаются аспекты будущего определения величин измерения и единиц применительно к обычным дозиметрам.

J. Hizó, K. Zsdanszky, I. Nikl

Experience in Calibration of Ionization Chambers in Aqueous Phantom

Isotopenpraxis **17** (1981) No. 3, p. 106 to 108
2 Fig., 2 Tab., 3 Ref.

Conversion of the exposition unit into the absorbed-dose unit has been investigated in water using 6 different ionization chambers for roentgen radiation with half-value layers (HVL) being 0.5 to 2·5 mm of copper. The chambers are provided to measure exposition in clinical dosimetry. They show little energy dependence when measuring this value. They had been calibrated under the same radiation conditions. With the usual method conversion into absorbed-dose units being performed in water, differences range up to 7·5 per cent. At present, there are no recognized experimental bases for the calibration of ionization chambers in a water phantom, allowing to chose a chamber suitable for conversion on the basis of existing results of measurement.

И. Хизо, К. Жданский, И. Никль

Опыт по калибровке в водном фантоме ионизационных камер

Isotopenpraxis **17** (1981) вып. 3, стр. 106 до 108
2 рис., 2 табл., 3 лит.

Рассматривалась конверсия единицы экспозиции в единицу поглощенной дозы в воде, используя 6 различных ионизационных камер для рентгеновского излучения, в пределах слоя половинного поглощения от 0,5 до 2,5 *мм* меди. Камеры предусмотрены для измерения экспозиции в клинической дозиметрии. Они показывают небольшую зависимость измерения данной величины от энергии. Если известным методом осуществить конверсию в единицу поглощенной дозы в воде, то расхождения составляют до 7,5%. В настоящее время нет признанных экспериментальных основ для калибровки ионизационных камер в водном фантоме, позволяющих на основании имеющихся результатов измерения выбрать пригодную для конверсии камеру.

D. Herrmann, W. Kraus

The Importance of Dose and Activity Measurement for Health Physics, and Resulting Demands to Metrological Foundations

Isotopenpraxis **17** (1981) No. 3, p. 109 to 111
6 Fig., – Tab., 3 Ref.

A survey on the measurements to be performed in health physics shows that substantial demands to accuracy have to be presented only before certain measurements which are legally operative. On the other hand, very high demands have to be raised with regard to the multiplicity of metrological foundations necessary for the provision of all the dose, flux, activity and source-strength measurements to be performed in nuclear plants, in medicine, in industries and in environmental protection as far as health physics is concerned.

Д. Херрманн, В. Краус

Значение измерений доз и активности для радиологической защиты, и выходящие из него требования к метрологическим основам

Isotopenpraxis **17** (1981) вып. 3, стр. 109 до 111
6 рис, – табл., 3 лит.

Приводится обзор о выполняемых в связи с радиологической защитой измерениях. Он показывает, что значительные требования относительно точности измерения необходимо выдвигать только лишь в отношении „законодательских" измерений. С другой стороны, очень высокие требования ставятся относительно множества метрологических основ, обеспечиваемых для выполнения в ядерных установках, в медицине и в промышленности, а также в деле защиты окружающей среды, измерений доз, расхода, активности и интенсивности источников. Из этого выводятся требования, предъявляемые к эталонам, подключаемым к рабочим измерительным устройствам, относительно видов излучения, энергии излучения, пределов измерения и надежности измерения. В заключении коротко обсуждаются некоторые основные метрологические проблемы применительно к радиологической дозиметрии внешнего излучения.

B. Doerschel

Methods of Neutron Spectrometry

Isotopenpraxis 17 (1981) No. 3, p. 112 to 115
4 Fig., 1 Tab., 6 Ref.

The different methods of neutron spectrometry are based on the direct measurement of the neutrons' velocity or on the use of suitable energy-dependent interaction processes. In last case the measuring effect of a detector is connected with the searched neutron spectrum by an integral equation. The solution needs suitable unfolding procedures. The most important methods of neutron spectrometry are the time-of-flight method, the crystal spectrometry, the neutron spectrometry by use of elastic collisions with hydrogen nuclei, and neutron spectrometry by use of nuclear reactions, especially of the neutron induced activation. The advantages and disadvantages of these methods are contrasted considering the resoultion, the aquired energy region, the sensitivity, and the experimental and numerical requirement.

Б. Дершель

Методы спектрометрии нейтронов

Isotopenpraxis 17 (1981) вып. 3, стр. 112 до 115
4 рис., 1 табл., 6 лит.

Различные методы спектрометрии нейтронов основываются на непосредственном измерении скорости нейтронов или на использовании пригодных зависимых от энергии процессов взаимодействия. В последнем качестве показание детектора соединяется с искомым спектром интегральным уравнением. Для разрешения нужны методы восстановления спектров. Самые важные методы спектрометрии нейтронов — это метод времени полёта, спектрометрия с кристаллами, спектрометрия используя упругие столкновения с ядрами водорода и спектрометрия используя ядерные реакции, особенно активацию нейтронами. Выгоды и невыгоды различных методов сопоставляются принимая во внимание разрешение, диапазон энергии, чувствительность и экспериментальные и нумерические потребности.

A. A. Konstantinov, T. E. Sasonova, S. V. Seman

Reproduction of the Activity Unit for Electron-Capture Radiators at VNIIM ,,D. I. Mendeleyev" (*in Russian*)

Isotopenpraxis 17 (1981) No. 3, p. 116 to 117
— Fig., — Tab., 4 Ref.

At VNIIM 2π- or 4π-proportional counters respectively with various gas mixtures under different pressure as well as scintillation counters are used for the reproduction of the activity unit for electron-capture radiators. Depending on the decay schemes of nuclides, one of the following methods is used for measurement: the 4π-(KX + $\bar{e}$)-γ-coincidence method, the 2π KX-γ-coincidence method, the KX-LX-coincidence method, 4π-pressurized proportional counters, or the KX-$\bar{e}$-coincidence method. All these methods are explained with stress laid upon ^{55}Fe measurement. The measuring error of all methods ranges from 0·1 to 3·0 per cent, with level of confidence being 99 per cent in dependence of the measuring method and the decay schemes.

А. А. Константинов, Т. Е. Сазонова, С. В. Сэпман

Воспроизведение единицы активности электронозахватных нуклидов во ВНИИМ им. Д. И. Менделеева (*на русск. языке*)

Isotopenpraxis 17 (1981) вып. 3, стр. 116 до 117
— рис., — табл., 4 лит.

Для воспроизведения единицы активности электронозахватных нуклидов во ВНИИМ используются пропорциональные 2π-или 4π-счетчики, наполняемые различными газовыми смесями при разных давлениях, и сцинтилляционные счетчики. В зависимости от схем распада нуклидов, для измерения применяется один из следующих методов: метод 4π-(KX + $\bar{e}$)-γ-совпадений, метод 2π KX-γ-совпадений, метод KX-LX-совпадений, пропорциональные 4π-счетчики под давлением или метод KX-$\bar{e}$-совпадений. Излагаются все методы, причем более подробно рассматривается процесс измерения ^{55}Fe. Погрешность измерения всех методов составляет от 0,1 до 3,0%, при статистической надежности в 99%, в зависимости от метода измерения и от схем распада.

A. Chyliński, T. Radoszewski

$4\pi(\alpha,\beta)$-γ Two-Stage Coincidence Method with Liquid Scintillation Counter in α,β-Channel for Absolute Determination of Radioactive Concentration (*in English*)

Isotopenpraxis 17 (1981) No. 3, p. 118 to 121
10 Fig., 1 Tab., — Ref.

A method of absolute measurement of radioactive concentrations with the use of liquid scintillator in β,α-channel, and two-stage coincidence is described in this work.
In the theoretical part mathematical dependences have been given for the total correction factor connected with sensitivity of β,α-channel to gamma photons and the internal conversion. The method of experimental determination of total correction factors has been shown.
The application of the method to measurements of pure beta emitters by tracer technique has been described.
In the experimental part the discussed method has been illustrated by the measurements of ^{60}Co, ^{241}Am and ^{32}P. The total error of radioactive concentration measurements of the said radionuclides is less than 1%.

А. Хылинский, Т. Радошевский

Метод двуступенчатых $4\pi(\alpha,\beta)\gamma$-совпадений с жидкостным сцинтилляционным счетчиком в α,β-канале для абсолютного определения радиоактивных концентраций (*на англ. языке*)

Isotopenpraxis 17 (1981) вып. 3, стр. 118 до 121
10 рис., 1 табл., — лит.

В настоящей работе описываются метод абсолютного измерания радиоактивных концентраций с использованием жидкостного сцинтиллятора в α,β-канале, а также двуступенчатое совпадение. В теоретической части приводятся математические зависимости общего коэффициента поправки в связи с чувствительностью α,β-канала к гамма-фотонам и ко внутренией конверсии. Показывается процесс экспериментального определения общего коэффициента поправки. Описывается также процесс применения метода измерения чистых бета-излучателей с помощью индикаторного метода. В экспериментальной части приведенный метод обясняется на примере измерения ^{60}Co, ^{241}Am и ^{32}P. Общая погрешность измерения радиоактивных концентраций в отношении указанных радионуклидов составляет менее 1%.

J. Mitsch, H. Greupner, H. Rothe, D. Modes

On Absolute Activity Measurement of Radioactive Gases by Means of Multielectrode Counters

Isotopenpraxis 17 (1981) No. 3, p. 122 to 124
4 Fig., 1 Tab., 14 Ref.

For absolute determination of the activity of radioactive gases a new counter has been developed and successfully tested, the geometric sensitive volume of which correponds with the effective sensitive volume. This was achieved by the installation of 6 ring-shaped field-control electrodes into each of the end isolators, thus eliminating the otherwise arising perturbations of the electric field about the counter ends. Testing was performed by direct comparison with the compensation counter system serving as a standard measuring device of ASMW for radiootive gases, using the nuclides ^{3}H, ^{14}C and ^{85}Kr. In all cases, the results obtained with both detector systems were in correspondence within the range of measuring accuracy. The results obtained show that the new counter, the multielectrode counter, renders possible abstention from the time-taking measurements for the correction of end effects, which had been necessary with previous methods of internal gas counting.

И. Митшь, Х. Гройпнер, Х. Роте, Д. Модес

Об измерении абсолютной активности радиоактивных газов с помощью многоэлектродного счетчика

Isotopenpraxis 17 (1981) вып. 3, стр. 122 до 124
4 рис., 1 табл., 14 лит.

Разработан и успешно опробован новый счетчик для абсолютного определения радиоактивных газов, геометрический чувствительный объем которого соответствует эффективному чувствительному объему. Это было достигнуто путем установки в торцевых изоляторах по 6 кольцеобразных электродов управления полем, которые обеспечивают исключение иначе возникающих расстройств электрического поля в пределах торцов счетчиков. Опробование ведется путем непосредственного сличения с использованием нуклидов ^{3}H, ^{14}C и ^{85}K служащей в качестве эталонного измерительного устройства АСМВ для радиоактивных газов системы компенсационных счетчиков. Во всех случаях результаты измерения, полученные обеими системами детекторов, совпадали в пределах точности измерения. Результаты показывают, что новый тип счетчиков, т. е. многоэлектродный счетчик, позволяет отказаться от длительных измерений, которые в связи с прежними газовыми счетчиками потребовались для поправки торцевых эффектов.

R. Brust, E. Schoenfeld, H. Greupner

Results of International Comparison in Activity Measurement and Future Activities

Isotopenpraxis 17 (1981) No. 3, p. 125 to 128
2 Fig., 2Tab., 5 Ref.

A survey is given on the participation of ASMW in international comparison in the field of measurement of the activity of radionuclides in radiation sources, which had been performed during the past ten years in the framework of BIPM as well as under scientific and technical cooperation of CMEA countries, viz. in the framework of the Standing Commissions for Standardization (SKS) and for Peaceful Uses of Atomic Energy (SKA). Proceeding from a short estimate of the results of these comparative measurement, suggestions for future activities in this field of international comparative measurement are presented.

Р. Бруст, Э. Шенфельд, Х. Гройпнер

Результаты международных сличений в области измерения активности и будушая деятельность

Isotopenpraxis 17 (1981) вып. 3, стр. 125 до 128
2 рис., 2 табл., 5 лит.

Приводится обзор об участии АСМВ в международных сличениях в области измерения активности радионуклидов в источниках, которые были организованы в течение последних 10 лет в рамках деятельности МБМВ, а также в связи с осуществлением научно-технического сотрудничества стран-членов СЭВ в рамках Постоянной Комиссии СЭВ по Стандартизации (ПКС) и Постоянной Комиссии СЭВ по Мирному Использованию Атомной Энергии (ПКА). Исходя из короткой оценки результатов этих сличений выводятся предложения о будущей деятельности в этой области международных сличений.

P. Dryák, L. Kokta, J. Zderadicka

Spectrometric Methods for the Measurement of Impurities in Alpha and Beta Emitting Radionuclides (*in English*)

Isotopenpraxis 17 (1981) No. 3, p. 128 to 130
— Fig., 1 Tab., 3 Ref.

Ge(Li) spectrometers are generally used for discovering of impurities of the standard solutions of radionuclides. This device is not possible to be used in cases when the admixture of the pure alpha or beta emitting radionuclide is expected. For this rare cases a method based on the spectrometry alpha resp. beta rays was developed in the ÚVVVR.
For measurement of alpha impurities Si surface barrier detector (FWHM about 20 keV for ^{241}Am) is used, sources are prepared by an electrolytical method and spectra are processed by similar methods used in gamma spectrometry.
For measurement of beta impurities Si(Li) detector with depth 2 mm is used. Continuous spectra of beta rays are proceeded by comparing the tested spectra with reference spectra of the same radionuclide. The presence of the impurity is deduced out of the deviations both one.

П. Дриак, Л. Кокта, И. Здерадичка

Спектрометрические методы измерения примесей в радионуклидах, испускающих альфа- и бета-излучение (*на англ. языке*)

Isotopenpraxis 17 (1981) вып. 3, стр. 128 до 130
— рис., 1 табл., 3 лит.

Обычно Ge(Li)-спектрометры используются для определения примесей в эталонных растворах радионукдлидов. Данное устройство не пригодится в тех случаях, где нужно ожидать наличия радионуклидов, испускающих чистое альфа- или бета-излучение. Для этих редких случаев в УВВВР был разработан метод, основывающийся на спектрометрии альфа- или бета-лучей.
Для измерения примесей, испускающих альфа-излучение, используется кремневый поверхностно-барьерный детектор (FWHM ок. 20 *кэв* по ^{241}Am). Источники изготовляются электролитическим способом, а спектры обрабатываются методами, похожими применяемым в гамма-спектрометрии. Для измерения примесей, испускающих бета-излучение, применяется Si(Li) детектор глубиною в 2 мм. Постоянные спектры бета-излучения обрабатываются путем сравнения получаемых спектров с эталонными спектрами того же радионуклида. Вопрос о наличии примесей выводится из расхождения между ними.

Round Table Discussions

Isotopenpraxis 17 (1981) No. 3, p. 130 to 132

Information

Isotopenpraxis 17 (1981) No. 3, p. 133 to 134

New Books

Isotpenpraxis 17 (1981) No. 3, p. 135 to 136

Дискуссии „за круглым столом"

Isotopenpraxis 17 (1981) вып. 3, стр. 130 до 132

Новости

Isotopenpraxis 17 (1981) вып. 3, стр. 133 до 134

Новая литература

Isotopenpraxis 17 (1981) вып. 3, стр. 135 до 136

(Fortsetzung des Inhaltsverzeichnisses)

D. Herrmann, W. Kraus

Bedeutung von Dosis- und Aktivitätsmessungen für den Strahlenschutz und daraus resultierende Anforderungen an die metrologischen Grundlagen

Isotopenpraxis 17 (1981) H. 3, S. 109 bis 111
6 Abb., — Tab., 3 Lit.

Eine Übersicht über die Meßaufgaben im Strahlenschutz zeigt, daß nur bei bestimmten, „rechtserheblichen" Messungen nennenswerte Genauigkeitsanforderungen gestellt werden müssen. Demgegenüber bestehen sehr hohe Anforderungen an die Vielfalt der metrologischen Grundlagen, die für die Absicherung aller Dosis- und Fluenz- sowie Aktivitäts- und Quellstärkemessungen im Strahlenschutz in Kernanlagen, bei der medizinischen und industriellen Strahlenanwendung sowie im nuklearen Umweltschutz benötigt werden. Die Anforderungen an die Referenznormale zum Anschluß der Arbeitsmittel hinsichtlich Strahlenarten, -energien, Meßbereichen und zulässigen Meßunsicherheiten werden daraus abgeleitet. Abschließend werden kurz einige für die Strahlenschutzdosimetrie äußerer Strahlung grundlegende metrologische Probleme erörtert.

B. Dörschel

Methoden der Spektrometrie von Neutronen

Isotopenpraxis 17 (1981) H. 3, S. 112 bis 115
4 Abb., 1 Tab., 6 Lit.

Die verschiedenen Methoden der Neutronenspektrometrie beruhen auf der direkten Messung der Neutronengeschwindigkeit oder auf der Ausnutzung geeigneter energieabhängiger Wechselwirkungsprozesse. Im letzteren Falle ist der Meßeffekt eines Detektors mit dem gesuchten Neutronenspektrum durch eine Integralgleichung verknüpft, zu deren Lösung geeignete Entfaltungsmethoden erforderlich sind. Die wichtigsten Verfahren der Neutronenspektrometrie sind die Flugzeitmethode, die Kristallspektrometrie, die Neutronenspektrometrie unter Ausnutzung der elastischen Streuung an Wasserstoffkernen und die Neutronenspektrometrie unter Ausnutzung von Kernreaktionen, insbesondere der neutroneninduzierten Aktivierung. Die Vor- und Nachteile der einzelnen Methoden werden unter Berücksichtigung des Auflösungsvermögens, des erfaßbaren Energiebereiches, der Empfindlichkeit und des meßtechnischen und rechnerischen Aufwandes gegenübergestellt.

A. A. Konstantinow, T. E. Sasonowa, S. W. Seman

Darstellung der Aktivitätseinheit für Elektroneneinfangstrahler im WNIIM „D. I. Mendelejew" (*in Russisch*)

Isotopenpraxis 17 (1981) H. 3, S. 116 bis 117
— Abb., — Tab., 4 Lit.

Zur Darstellung der Einheit der Aktivität von Elektroneneinfangstrahlern werden im WNIIM 2π- bzw. 4π-Proportionalzählrohre mit verschiedenen Gasgemischen bei unterschiedlichen Gasdrücken sowie Szintillationszähler verwendet. In Abhängigkeit von den Zerfallsschemata der Nuklide werden zur Messung die 4π-(KX + $\bar{e}$)-γ-Koinzidenz-

(Fortsetzung des Inhaltsverzeichnisses auf der 4. Umschlagseite)

methode, die 2π-KX-γ-Koinzidenzmethode, die KX-LX-Koinzidenzmethode, 4π-Druck-Proportionalzählrohre bzw. die KX-ö -Koinzidenzmethode angewandt. Alle Verfahren werden erläutert, wobei die Messung von ^{55}Fe ausführlicher dargestellt wird. Die Meßunsicherheit der Verfahren liegt zwischen 0,1 % und 3 % bei einer statistischen Sicherheit von 99 % in Abhängigkeit von der Meßmethode und den Zerfallsschemata.

A. Chyliński, T. Radoszewski

Ein $4\pi(\alpha,\beta)$-γ-Zweistufen-Koinzidenz-Verfahren mit Flüssigkeits-Szintillations-Zählrohr im α,β-Kanal zur Absolutbestimmung der radioaktiven Konzentration (*in Englisch*)

Isotopenpraxis **17** (1981) H. 3, S. 118 bis 121
10 Abb., 1 Tab., – Lit.

In der vorliegenden Arbeit wird ein Verfahren zur Absolutmessung radioaktiver Konzentrationen unter Verwendung eines Flüssigkeits-Szintillators im α,β-Kanal sowie der Zweistufen-Koinzidenz beschrieben. Im theoretischen Teil werden die mathematischen Abhängigkeiten des Gesamtkorrekturfaktors in Verbindung mit der Empfindlichkeit des α,β-Kanals gegenüber Gamma-Photonen und der inneren Konversion aufgeführt. Das Verfahren der experimentellen Ermittlung des Gesamt-Korrekturfaktors wird gezeigt. Beschrieben wird die Anwendung des Verfahrens der Messung reiner Beta-Strahler mit Hilfe der Tracer-Methode. Im experimentellen Teil wird das diskutierte Verfahren anhand der Messung von ^{60}Co, ^{241}Am und ^{32}P illustriert. Der Gesamtfehler der Messung radioaktiver Konzentrationen liegt bei den genannten Radionukliden unter 1 %.

J. Mitsch, H. Greupner, H. Rothe, D. Modes

Über absolute Aktivitätsmessungen radioaktiver Gase mit einem Mehrelektrodenzählrohr

Isotopenpraxis **17** (1981) H. 3, S. 122 bis 124
4 Abb., 1 Tab., 14 Lit.

Für die Absolutbestimmung der Aktivität radioaktiver Gase wurde ein neuartiges Zählrohr entwickelt und erfolgreich erprobt, dessen geometrisches Zählvolumen mit dem effektiven Zählvolumen übereinstimmt. Erreicht wurde dies durch den Einbau von je 6 ringförmigen Feldführungselektroden in die Endisolatoren, mit deren Hilfe die sonst auftretenden Störungen des elektrischen Feldes im Bereich der Zählrohrenden überwunden werden. Die Erprobung erfolgte durch direkten Vergleich mit der als Normalmeßeinrichtung des ASMW für radioaktive Gase dienenden Kompensationszählrohranordnung unter Verwendung der Nuklide ^{3}H, ^{14}C und ^{85}Kr. In allen Fällen stimmen die mit den beiden Detektorsystemen erhaltenen Meßergebnisse im Rahmen der Meßunsicherheiten überein. Die Ergebnisse zeigen, daß die zeitaufwendigen Messungen zur Korrektion der Endeffekte, die bei den bisherigen Verfahren der internen Gaszählung notwendig sind, bei dem neuen Zählrohrtyp, dem Mehrelektrodenzählrohr, entfallen können.

R. Brust, E. Schönfeld, H. Greupner

Ergebnisse internationaler Vergleiche auf dem Gebiet der Aktivitätsmessung und künftige Aktivitäten

Isotopenpraxis **17** (1981) H. 3, S. 125 bis 128
2 Abb., 2 Tab., 5 Lit.

Es wird ein Überblick über die Teilnahme des ASMW an internationalen Vergleichen auf dem Gebiet der Messung der Aktivität von Radionukliden in Strahlungsquellen gegeben, die in den letzten 10 Jahren im Rahmen der Tätigkeit des BIPM und in Realisierung der wissenschaftlich-technischen Zusammenarbeit der RGW-Länder in den Ständigen Kommissionen des RGW für Standardisierung (SKS) und für die friedliche Nutzung der Atomenergie (SKA) organisiert worden sind. Ausgehend von einer kurzen Einschätzung der Ergebnisse dieser Vergleichsmessungen werden Vorschläge für zukünftige Aktivitäten auf diesem Gebiet der internationalen Vergleiche abgeleitet.

P. Dryák, L. Kokta, J. Zderadička

Spektrometrische Methoden der Messung von Verunreinigungen in α- und β-strahlenden Radionukliden (*in Englisch*)

Isotopenpraxis **17** (1981) H. 3, S. 128 bis 130
– Abb., 1 Tab., 3 Lit.

Ge(Li)-Spektrometer werden gewöhnlich zur Ermittlung von Verunreinigungen in Normallösungen von Radionukliden verwendet. Diese Einrichtung kann nicht in den Fällen verwendet werden, in denen die Anwesenheit reiner alpha- oder beta-strahlender Radionuklide erwartet werden muß. Für diese seltenen Fälle wurde im UVVVR eine Methode entwickelt, die auf der Spektrometrie von Alpha- bzw. Beta-Strahlen beruht.
Für die Messung von alpha-strahlenden Verunreinigungen wirf ein Oberflächen-Sperrschicht-Si-Detektor (FWHM ca. 20 keV bei ^{241}Am) verwendet. Die Quellen werden nach einem elektrolytischen Verfahren hergestellt, während die Spektren nach Methoden, die den in der Gamma-Spektrometrie gebräuchlichen ähnlich sind, ausgewertet werden.
Für die Messung von beta-strahlenden Verunreinigungen wird ein Si(Li)-Detektor mit einer Tiefe von 2 mm eingesetzt. Die kontinuierlichen Spektren der Beta-Strahlung werden durch Vergleich der ermittelten Spektren mit Bezugsspektren desselben Radionuklids ausgewertet. Das Vorhandensein der Verunreinigungen wird aus den Abweichungen zwischen beiden abgeleitet.

Rundtischgespräche

Isotopenpraxis **17** (1981) H. 3, S. 130 bis 132

Informationen

Isotopenpraxis **17** (1981) H. 3, S. 133 bis 134

Buchbesprechungen

Isotopenpraxis **17** (1981) H. 3, S. 135 bis 136

FSC
www.fsc.org
MIX
Papier | Fördert gute Waldnutzung
FSC® C083411

Zeitfracht Medien GmbH
Ferdinand-Jühlke-Straße 7
99095 Erfurt, Deutschland
produktsicherheit@kolibri360.de